《数学中的小问题大定理》丛书（第八辑）

外索夫博弈

——从一道瑞士国家队选拔考试试题谈起

刘培杰数学工作室 编

◎ 贝蒂定理与外索夫游戏
◎ 互补序列与可逆序列
◎ 贝蒂定理与一道第 34 届 IMO 试题
◎ 围棋盘上的游戏
◎ 互补序列的进一步研究及其在数学竞赛中的应用
◎ 贝蒂定理的两个变形
◎ 外索夫游戏及其推广

哈爾濱工業大學出版社
HARBIN INSTITUTE OF TECHNOLOGY PRESS

内 容 简 介

本书从一道瑞士国家队选拔考试试题谈起，不仅介绍了贝蒂定理与外索夫游戏的相关理论，还对外索夫游戏进行了推广．书中配有许多经典试题并给出了详细解答．

本书适合大、中师生及数学爱好者研读．

图书在版编目(CIP)数据

外索夫博弈：从一道瑞士国家队选拔考试试题谈起/刘培杰数学工作室编．—哈尔滨：哈尔滨工业大学出版社，2025.3.—ISBN 978-7-5767-1828-7

Ⅰ.01

中国国家版本馆 CIP 数据核字第 2025E4F265 号

WAISUOFU BOYI: CONG YIDAO RUISHI GUOJIADUI XUANBA KAOSHI SHITI TANQI

策划编辑　刘培杰　张永芹
责任编辑　张　佳
封面设计　孙茵艾
出版发行　哈尔滨工业大学出版社
社　　址　哈尔滨市南岗区复华四道街 10 号　邮编 150006
传　　真　0451-86414749
网　　址　http://hitpress.hit.edu.cn
印　　刷　哈尔滨起源印务有限公司
开　　本　787 mm×1 092 mm　1/16　印张 7　字数 131 千字
版　　次　2025 年 3 月第 1 版　2025 年 3 月第 1 次印刷
书　　号　ISBN 978-7-5767-1828-7
定　　价　48.00 元

目录

贝蒂定理与外索夫游戏

第一章

§1 引　　子

IMO是一场世界中学生的智力竞赛，各个国家都十分重视. 为了选出代表本国出征的六名队员，各国通常都会举行一次或数次的国家队选拔赛，选拔赛的试题颇有难度，且背景不凡. 下面我们以2019年瑞士国家队选拔考试试题为例.

试题1　已知(a,b)为一对正整数. 甲、乙两人玩如下游戏：有两堆数目分别为a,b的石子，由甲先开始，两人轮流取石子，每次要么在一堆石子中取若干石子(不能不取)，要么在两堆中取相同个数的若干石子(亦不能不取)，取走最后一个石子的人获胜.

$$A=\{a \mid \text{存在 } b\in \mathbf{Z}^{+}, b<a, \text{使得乙在}(a,b)\text{下有必胜策略}\}$$

A中的元素为$a_1<a_2<\cdots$. 证明：

(1)A为无限集.

(2) 数列$\{m_k\}(k\geqslant 1)$

$$m_k=a_{k+1}-a_k \quad (k\in \mathbf{Z}^{+})$$

不是最终周期的.

证明 记

$$S=\{(a,b)\mid 乙在(a,b)下有必胜策略\}$$

显然，若$(a,b)\in S$，则$(b,a)\in S$.

记

$$S'=\{(a,b)\mid (a,b)\in S 且 a>b\}$$

归纳定义$(x_k,y_k)(k\in \mathbf{Z}^+)$如下

$$y_1=1, x_1=2$$

假设$(x_k,y_k)(1\leqslant k\leqslant n)$已取好，取$y_{n+1}$为$\mathbf{Z}^+\setminus(\bigcup_{k=1}^{n}\{x_k,y_k\})$的最小元，且

$$x_{n+1}=y_{n+1}+n+1$$

结论1 若$(a,b)\in S$，$(c,d)\in S$，且$a-b=c-d$，则$a=c$，$b=d$；若$(a,b)\in S$，$(a,c)\in S$，则$b=c$.

结论1的证明 先证明前一部分.

反证法.

若结论不成立，不妨设$a<c$，则$b<d$.

记

$$t=c-a>0$$

由$(a,b)\in S$，知(a,b)使乙（后手）必胜. 这样，对(c,d)，先手甲可以先从两堆各取走t个石子，化为(a,b)格局，然后照搬(a,b)情况下后手必胜的策略，从而，对(c,d)使甲必胜，与$(c,d)\in S$矛盾.

再证明后一部分.

反证法.

不妨假设$b<c$. 记

$$t=c-b>0$$

则甲面对(a,c)情况时，可先在第二堆中取走t个石子，化为(a,b)格局，再照搬(a,b)情况下后手必胜的策略，故(a,c)情况下甲胜，矛盾.

结论2 $S'=\{(x_k,y_k)\mid k\in \mathbf{Z}^+\}$.

结论2的证明 对k归纳证明

$$(x_k,y_k)\in S'$$

当$k=1$时，结论显然成立.

假设$k<n$时结论成立. 当$k=n$时，证明：对于任意的$t\in\mathbf{Z}^+$，均有

$$(x_n-t,y_n)\notin S$$

$$(x_n,y_n-t)\notin S$$

$$(x_n-t,y_n-t)\notin S$$

均用反证法.

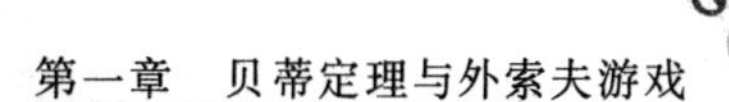

若$(x_n, y_n - t) \in S$，由y_n的取法知

$$y_n - t \in \bigcup_{k=1}^{n-1} \{x_k, y_k\}$$

则有$k \in \mathbf{Z}^+, a, b \in \mathbf{Z}^+, 1 \leqslant k \leqslant n-1$，使得$y_n - t = b$，其中

$$(a, b) \in S，且\{a, b\} = \{x_k, y_k\}$$

由结论1知

$$\begin{aligned} & x_n = a \\ \Rightarrow & k = |x_k - y_k| = |a - b| \\ & = |x_n - y_n + t| = n + t > k \end{aligned}$$

矛盾.

若$(x_n - t, y_n - t) \in S$，类似知$a, b, k \in \mathbf{Z}^+, k < n$，使得

$$y_n - t = b, (a, b) \in S 且\{a, b\} = \{x_k, y_k\}$$

则

$$k = |x_k - y_k| = |a - b| = |x_n - y_n| = n > k$$

矛盾.

若$(x_n - t, y_n) \in S$，且$x_n - t < y_n$，则有$a, b, k \in \mathbf{Z}^+, k < n$，使得

$$x_n - t = a, (a, b) \in S 且\{a, b\} = \{x_k, y_k\}$$

由结论1知$y_n = b$，这与$y_n \notin \bigcup_{k=1}^{n-1} \{x_k, y_k\}$矛盾.

若$(x_n - t, y_n) \in S$，且$x_n - t \geqslant y_n$，显然

$$x_n - t > y_n$$

则

$$x_n - t - y_n = n - t = x_{n-t} - y_{n-t}$$

由结论1知

$$x_n - t = x_{n-t}, y_n = y_{n-t}$$

这与$y_n \notin \bigcup_{k=1}^{n-1} \{x_k, y_k\}$矛盾.

综上，对于任意的$t \in \mathbf{Z}^+$，有

$$(x_n - t, y_n) \notin S$$
$$(x_n, y_n - t) \notin S$$
$$(x_n - t, y_n - t) \notin S$$

于是，甲面对(x_n, y_n)时，无论如何操作均得一个先手的局面，乙可以采取适当的策略取胜，进而，$(x_n, y_n) \in S$.

故

$$\{(x_k, y_k) \mid k \in \mathbf{Z}^+\} \subseteq S'$$

而由x_k, y_k的取法知

$$\sum_{k=1}^{+\infty}\{x_k, y_k\}=\mathbf{Z}^+$$

从而,由结论 1 知

$$S=\{(x_k,y_k)\mid k\in\mathbf{Z}^+\}\cup\{(x_k,y_k)\mid k\in\mathbf{Z}^+\}$$

又由 x_k,y_k 的取法知

$$y_1<y_2<\cdots,x_1<x_2<\cdots$$

故

$$x_k=a_k\quad(k\in\mathbf{Z}^+)$$

(1) 由 $A=\{x_k\mid k\in\mathbf{Z}^+\}$ 且 $x_1<x_2<\cdots$,知 A 为无限集.

(2) 反证法.

假设$\{m_k\}$是最终周期的,即存在 $N_1\in\mathbf{Z}^+$,$t\in\mathbf{Z}^+$,当 $k\geqslant N_1$ 时,$m_{k+t}=m_k$.若记 $T=m_{N_1}+m_{N_1+1}+\cdots+m_{N_1+t-1}$,有

$$x_{k+t}-x_k=\sum_{i=k}^{k+t-1}m_i=\sum_{i=N_1}^{N_1+t-1}m_i=T\qquad(*)$$

记 $T-t=s$. 则有

$$y_{k+s}-y_k=T\quad(k\in\mathbf{Z}^+)$$

$$k\geqslant N_2\quad(N_2\in\mathbf{Z}^+,\text{使得 }y_{N_2}>x_{N_1+1})$$

这是因为,任取 $k\in\mathbf{Z}^+$,$k\geqslant N_2$,考虑区间$[y_k,y_k+T]$,设 $x_l\in[y_k,y_k+T]$,且 l 为最小的具有此性质的下标. 则

$$x_{l+t}=x_l+T>y_k+T$$

$$x_{l+t-1}=x_{l-1}+T<y_k+T$$

故区间$[y_k,y_k+T]$中$\{x_k\}$中的项恰有 $x_l,x_{l+1},\cdots,x_{l+t-1}$.

又 y_k+T 为$\{y_n\}$中的项(否则与式$(*)$矛盾),可设 $y_k+T=y_r$,则区间$[y_k,y_k+T]$中有 $r+1$ 个$\{y_n\}$中的项.

由于$\{x_n\}$与$\{y_n\}$恰不重不漏地覆盖了全体正整数集,于是

$$T+1=(r+1)+t$$

故

$$r=s$$

从而,$\{x_n\}$最终以 t 为周期,$\{y_n\}$最终以 s 为周期.

记

$$X=\{x_n\mid n\in\mathbf{Z}^+\},Y=\{y_n\mid n\in\mathbf{Z}^+\}$$

则任意连续 T 个数中有 t 个在 X 中,s 个在 Y 中.

现待定 $m\in\mathbf{Z}^+$,取 $k\geqslant N_2$.

考虑区间 $\Delta=[y_k+k,y_{k+ms}+k+ms]$. 该区间长为 $mT+ms+1$,可分为$\left\lceil\frac{mT+ms+1}{T}\right\rceil$段,除了至多一段,其余每段均由连续 T 个数组成,从而

$$|\Delta \cap X| \leqslant \left(\frac{mT+ms+1}{T}+1\right)t$$

$$|\Delta \cap X| \geqslant \left(\frac{mT+ms+1}{T}\right)t$$

又 $x_l \in \Delta$ 等价于 $y_l + l \in \Delta$，由 Δ 的取法知

$$k \leqslant l \leqslant k+ms$$

从而

$$|X \cap \Delta| = ms$$

故

$$\left(\frac{mT+ms+1}{T}+1\right)t \leqslant ms \leqslant \left(\frac{mT+ms+1}{T}+1\right)t$$

令 $m \to +\infty$，得

$$(T+s)t = sT \Rightarrow 2st + t^2 = s^2 + st \Rightarrow s^2 = st + t^2$$

这表明，$\frac{s}{t}$ 不是有理数，矛盾.

因此，$\{m_k\}$ 不是最终周期的.

注 本题是著名的外索夫(Wythoff)博弈，可证明

$$x_n = \left[\frac{3+\sqrt{5}}{2}n\right], y_n = \left[\frac{1+\sqrt{5}}{2}n\right]$$

由 $x_{n+1} - x_n \in \{2,3\}$，知 $\{x_n\}$ 的分布密度介于 $\left[\frac{1}{3},\frac{1}{2}\right]$ 之间，存在密度聚点.

仿照上面的分析可算出聚点为 $\frac{2}{3+\sqrt{5}}$，这是猜测 $x_n = \left[\frac{3+\sqrt{5}}{2}n\right]$ 的依据. 其中取整的思路缘于贝蒂－瑞利定理.

我们先介绍贝蒂定理.

§2 贝蒂定理

受普特南促进学术奖金基金会赞助并由美国数学协会主办的威廉·罗韦尔·普特南数学竞赛(The William Lowell Putnam Mathematical Competition)，其试题由数学名家组成的命题委员会制定，背景深刻，极富独创性，为国际数学界所瞩目.

在第20届普特南数学竞赛中有一道试题为：

试题 2 设正无理数 α 与 β 满足下列等式

$$\frac{1}{\alpha}+\frac{1}{\beta}=1 \tag{1}$$

求证：两序列$\{[n\alpha]\}$，$\{[n\beta]\}$合在一起恰好不重复地构成自然数集，记号$[x]$表示不超过x的最大整数.

美国和加拿大数学奥林匹克竞赛的主教练 M. S. Klamkin 指出：数学竞赛试题的一种产生方法就是"将某些不那么新的数学论文中的漂亮结果加以改造".而上面的题目正是用此法炮制的.1926 年加拿大多伦多大学的 S. 贝蒂(Sam Beatty) 发现了如下的贝蒂定理：

贝蒂定理 设x是任何一个正的无理数，y是它的倒数，那么两个序列$\{n(1+x)\}$，$\{n(1+y)\}$合起来，恰好包含了每对相邻正整数构成的区间$(n,n+1)$中的一个数.

显然前面的试题 2 是贝蒂定理的一个推论，因为如果设$\alpha=1+x$，$\beta=1+y$，那么

$$\begin{aligned}\frac{1}{\alpha}+\frac{1}{\beta}&=\frac{1}{1+x}+\frac{1}{1+y}\\&=\frac{1}{1+x}+\frac{1}{1+\frac{1}{x}}\\&=\frac{1}{1+x}+\frac{x}{1+x}\\&=1\end{aligned}$$

§3 试题 2 的证明

1927 年，由奥斯特洛斯基(Ostrowski) 与艾特肯(Aitken) 给出了贝蒂定理的一个简洁的证明，仿此思路我们也给出前述竞赛试题 2 的一个证明.

证法 1 我们只需证：任何自然数k，不在$\{[n\alpha]\}$中出现一次，就在$\{[n\beta]\}$中出现一次，二者必居其一.

显然

$$[n\alpha]\in\mathbf{N},[n\beta]\in\mathbf{N}\quad(n=1,2,\cdots)$$

定义

$$p=\max\{n\mid[n\alpha]\leqslant k\}$$
$$q=\max\{n\mid[n\beta]\leqslant k\}$$

即p,q是两个序列$\{[n\alpha]\}$和$\{[n\beta]\}$中不超过k的正整数的个数，由式(1) 有

$$\alpha>1,\beta>1$$

所以

$$
\begin{aligned}
&[p\alpha] \leqslant k \leqslant [(p+1)\alpha] \\
&\Rightarrow p\alpha < k+1 < (p+1)\alpha \\
&\Rightarrow p < \frac{k+1}{\alpha} < p+1 \qquad (2)
\end{aligned}
$$

同理可得

$$
q < \frac{k+1}{\beta} < q+1 \qquad (3)
$$

式(2)+式(3)并注意到式(1),有

$$
\begin{aligned}
&p+q < k+1 < p+q+2 \\
&\Rightarrow p+q-1 < k < p+q+1 \\
&\Rightarrow p+q = k
\end{aligned}
$$

这即是说,在序列$\{[n\alpha]\}$和$\{[n\beta]\}$中,不超过k的正整数恰好共有k个,但由k的任意性,可知,其中不大于$k-1(k>1)$的正整数也恰好共有$k-1$个,于是比较两者可知,在序列$\{[n\alpha]\}$和$\{[n\beta]\}$中大于$k-1$而不大于k的正整数有且仅有一个,它正好是k.

证法 2　我们只需证$\{[n\alpha]\}$,$\{[n\beta]\}$两个序列满足:

① 严格单调递增.

② 两个序列的项不重复.

③ 两个序列合起来后不漏掉任何一个自然数.

先证①,显然$\alpha>1$,$\beta>1$,所以

$$
\begin{aligned}
[(n+1)\alpha] &= [n\alpha+\alpha] \\
&\geqslant [n\alpha]+[\alpha] \\
&\geqslant [n\alpha]+1 \\
&> [n\alpha]
\end{aligned}
$$

这说明序列$\{[n\alpha]\}$,$\{[n\beta]\}$均严格单调递增.

② 用反证法:假设存在$k,l\in\mathbf{N}$,使得$[k\alpha]$,$[l\beta]$表示同一个自然数p,于是注意到α,β是无理数,可得

$$
p < k\alpha < p+1, p < l\beta < p+1
$$

由此可得

$$
\frac{k}{p+1} < \frac{1}{\alpha} < \frac{k}{p}
$$

$$
\frac{l}{p+1} < \frac{1}{\beta} < \frac{l}{p}
$$

两式相加得

$$
\frac{k+l}{p+1} < \frac{1}{\alpha}+\frac{1}{\beta} = 1 < \frac{k+l}{p} \Rightarrow p < k+l < p+1
$$

后一不等式是不可能的,因为在两个连续自然数 $p, p+1$ 中不可能再“夹”一个自然数 $k+l$.

③ 亦用反证法:假设存在一个自然数 q 不在两个序列中,则也会找到两个 $k, l \in \mathbf{N}$,使得

$$k\alpha < q < q+1 < (k+1)\alpha$$
$$l\beta < q < q+1 < (l+1)\beta$$

由此可得

$$\frac{k}{q}+\frac{l}{q}<\frac{1}{\alpha}+\frac{1}{\beta}=1<\frac{k+1}{q+1}+\frac{l+1}{q+1}$$

所以有

$$k+l<q<q+1<k+l+2$$

这相当于在两“间距”为 2 的自然数 $k+l$ 和 $k+l+2$ 中“夹”有两个自然数 q 和 $q+1$,而这是不可能的.

综合 ①②③ 可知命题成立.

§4　试题 2 的加强

本节我们将 α, β 是无理数这一限制取消,而代之以任意不等于1的实数,也可得到和试题 2 相同的结果. 我们首先引入一个记号 $[x]^-$,其定义为:当 x 不是整数时,为 $[x]$;当 x 是整数时,为 $[x]-1$. 我们有如下的定理:

定理 1　若 $\alpha \geqslant 1, \beta \geqslant 1$,则每一正整数在序列 $\{[m\alpha]\}$ 和 $\{[n\beta]^-\}$ 中恰好出现一次的充要条件是

$$\frac{1}{\alpha}+\frac{1}{\beta}=1$$

证明　(1) 必要性. 若 $k \in \mathbf{Z}^+$,则满足不等式

$$0<m\alpha<k+1, 0<n\beta \leqslant k+1$$

的正整数 m 与 n 之和为

$$M=\left[\frac{k+1}{\alpha}\right]^-+\left[\frac{k+1}{\beta}\right]$$

而显见

$$\frac{k+1}{\alpha}+\frac{k+1}{\beta}-2<M<\frac{k+1}{\alpha}+\frac{k+1}{\beta}$$

若 $\frac{1}{\alpha}+\frac{1}{\beta}=\theta$,则上式左、右两端的数分别为 $(k+1)\theta-2$ 和 $(k+1)\theta$. 以下证 $\theta=1$.

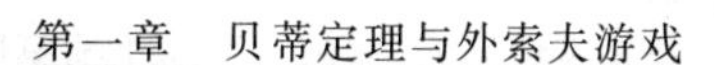

① 若 $\theta<1$，则当 k 充分大时，$(k+1)\theta<k$，即 $M<k$，这表明在序列 $\{[m\alpha]\}$ 和 $\{[n\beta]^-\}$ 内不超过 k 的项不到 k 个，亦即在前 k 个正整数之中至少有一个不在序列 $\{[m\alpha]\}$ 和 $\{[n\beta]^-\}$ 内，与题设矛盾.

② 若 $\theta>1$，则当 k 充分大时，有

$$(k+1)\theta-2=k+(\theta-1)k+\theta-2>k$$

即 $M>k$，故在序列 $\{[m\alpha]\}$ 和 $\{[n\beta]^-\}$ 的项中其值不超过 k 的项数比 k 多，由此可见，在前 k 个正整数中至少有一个在序列 $\{[m\alpha]\}$ 和 $\{[n\beta]^-\}$ 中不只出现一次. 必要性得证.

(2) 充分性：设 $\frac{1}{\alpha}+\frac{1}{\beta}=1$，则

$$\begin{aligned}M&=\left[\frac{k+1}{\alpha}\right]^-+\left[k+1-\frac{k+1}{\alpha}\right]\\&=\left[\frac{k+1}{\alpha}\right]^-+\left[k-(\frac{k+1}{\alpha})\right]\\&=\left[\frac{k+1}{\alpha}\right]^-+k-\left[\frac{k+1}{\alpha}\right]^-\\&=k\end{aligned}$$

故在 $\{[m\alpha]\}$，$\{[n\beta]^-\}$ 两个序列内其值不超过 k 的项数为 k，同时由 k 的任意性知其值不超过 $k-1$ 的项数为 $k-1$，故其值为 k 的项数是 1.

综合(1)(2)，命题得证.

我们还可以将上述定理推广为：

定理 2(闵嗣鹤)　设：

① $\alpha(0)\geqslant 1$，$\beta(1)\geqslant 0$.

② 当 $x\geqslant 1$ 时，$\alpha(x)$ 和 $\beta(x)$ 都是关于 x 的严格递增函数.

③ 若 $\alpha^{-1}(x)$ 和 $\beta^{-1}(x)$ 分别为 $\alpha(x)$ 和 $\beta(x)$ 的反函数，且

$$\alpha^{-1}(x)+\beta^{-1}(x)=lx\quad(l\in\mathbf{N})$$

则每一个正整数一定在两个序列 $\{[\alpha(n)]\}$，$\{[\beta(n)]^-\}$ 内恰好出现 l 次，而 0 则恰好出现 $l-1$ 次.

证明　适合 $\alpha(n)<k$ 或 $\beta(n)\leqslant k+1(k\in\mathbf{Z}^+)$ 的正整数 n 就是适合 $n<\alpha^{-1}(k+1)$ 或 $n\leqslant\beta^{-1}(k+1)$ 的正整数. 这样的正整数显然共有 $[\alpha^{-1}(k+1)]^-+[\beta^{-1}(k+1)]$ 个. 由 ③，上式又可写成

$$\begin{aligned}&[\alpha^{-1}(k+1)]^-+[l(k+1)-[\alpha^{-1}(k+1)]]\\=&[\alpha^{-1}(k+1)]^-+[l(k+1)-1-[\alpha^{-1}(k+1)]^-]\\=&l(k+1)-1\end{aligned}$$

这正是在序列 $\{[\alpha(n)]\}$，$\{[\beta(n)]^-\}$ 中其值不超过 k 的项数.

① 若 $k>0$，则序列 $\{[\alpha(n)]\}$，$\{[\beta(n)]^-\}$ 内其值不超过 $k-1$ 的项数应是

$lk-1$,故在两个序列中其值为 k 的项数为

$$l(k+1)-1-[lk-1]=l$$

② 若 $k=0$,在两个序列$\{[\alpha(n)]\}$,$\{[\beta(n)]^{-}\}$中其值为 k 的项数,显然为

$$[\alpha^{-1}(1)]+[\beta^{-1}(1)]=l-1$$

作为定理 2 的一个推论,我们还有如下的定理:

定理 3 若 α,β,γ 都是正数,则每一正整数在以下两个序列 $\left\{\left[\alpha\left(\frac{n}{\beta}\right)^{\gamma}+n\right]\right\}$,$\left\{\left[\beta\left(\frac{n}{\alpha}\right)^{\frac{1}{\gamma}}+n\right]^{-}\right\}$ 中恰好出现一次.

请读者仿定理 2 自己给出证明.

有趣的是在第 26 届国际数学奥林匹克竞赛的候选题中也出现了类似于定理 1 的命题. 现将它写出来作为定理 4:

定理 4 对实数 x,y,令

$$S(x,y)=\{S\mid S=[nx+y],n\in\mathbf{N}\}$$

若 $r>1$ 为有理数,则存在实数 u,v,使

$$S(r,0)\cap S(u,v)=\varnothing$$
$$S(r,0)\cup S(u,v)=\mathbf{N}$$

证明 设 $r=\frac{p}{q}$,$p,q\in\mathbf{Z}$,$p>q$,则 $u=\frac{p}{p-q}$ 及适合 $-\frac{1}{p-q}\leqslant v<0$ 的 v 即为所求.

① 当 $S(r,0)\cap S(u,v)\neq\varnothing$,则有

$$[nr]=[mu+v]=k$$

从而

$$np=kq+c,0\leqslant c\leqslant q-1$$
$$mp+v(p-q)=k(p-q)+d,0\leqslant d<p-q$$

相加得

$$(m+n)p+v(p-q)=kp+c+d$$

由于 $v(p-q)<0$,$c+d\geqslant 0$,所以有

$$k>m+n \tag{4}$$

但

$$v(p-q)\geqslant -1,c+d<p-1$$

所以

$$k>m+n-1 \tag{5}$$

式(4)(5)矛盾,因此

$$S(r,0)\cap S(u,v)=\varnothing$$

② 当 $n>m$ 时,有

$$[nr]>[mr],[nu+v]>[mu+v]$$

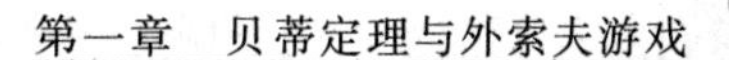

所以 $S(u,v)$ 中没有相同的元素，$S(u,v)\cap\{1,2,\cdots,k-1\}$ 的元素个数等于满足 $[mu+v]<k$ 的 m 的最大值 m_1. 由 $m_1u+v<k$ 及 $(m_1+1)u+v\geqslant k$，解得

$$\frac{k-v}{u}-1\leqslant m_1<\frac{k-v}{u}$$

即

$$\frac{v-k}{u}\geqslant -m_1>-\frac{k-v}{u}$$

所以

$$m_1=-\left[\frac{u+v-k}{u}\right]$$

同样，$S(r,0)\cap\{1,2,\cdots,k-1\}$ 的元素个数为

$$n_1=-\left[\frac{r-k}{r}\right]$$

因为

$$\begin{aligned}-m_1-n_1&\leqslant\frac{u+v-k}{u}+\frac{r-k}{r}\\&=2-k+\frac{v(p-q)}{p}\\&<2-k\end{aligned}$$

所以

$$m_1+n_1>k-2$$

即

$$m_1+n_1\geqslant k-1$$

结合情况 ① 便得

$$\begin{aligned}&S(u,v)\cap S(r,0)\cap\{1,2,\cdots,k-1\}\\=&\{1,2,\cdots,k-1\}\end{aligned}$$

上式对所有 k 均成立，所以

$$S(u,v)\cup S(r,0)=\mathbf{N}$$

贝蒂定理还可推广如下：

定理 5　设两个正无理数 α 和 β 满足 $\frac{1}{\alpha}+\frac{1}{\beta}=1$，两个有理数 a 和 b 满足 $1-\alpha<1,b=-\frac{\beta}{\alpha}a$，定义两个递增的数列

$$A=\{[\alpha n+a]\mid n=1,2,3,\cdots\}$$
$$B=\{[\beta n+b]\mid n=1,2,3,\cdots\}$$

则 A,B 满足 $A\cap B=\varnothing$ 和 $A\cup B=\mathbf{N}$.

证明　先证明 $A\cap B=\varnothing$. 用反证法，假定存在 $i,j\in\mathbf{N}$，使得 $[\alpha i+a]=$

$[\beta j+b]=k$，因 α,β 为无理数，a,b 为有理数，故

$$k<\alpha i+a$$
$$\beta j+b<k+1$$

也即

$$\frac{k-a}{\alpha}<i<\frac{k+1-a}{\alpha}$$
$$\frac{k-b}{\beta}<j<\frac{k+1-b}{\beta}$$

因 $\frac{1}{\alpha}+\frac{1}{\beta}=1, b=-\frac{\beta}{\alpha}a$，上两式相加得

$$\begin{aligned}&(\frac{1}{\alpha}+\frac{1}{\beta})k-\frac{a}{\alpha}-\frac{b}{\beta}\\&<i+j\\&<(\frac{1}{\alpha}+\frac{1}{\beta})(k+1)-\frac{a}{\alpha}-\frac{b}{\beta}\end{aligned}$$

有 $k<i+j<k+1$，这是不可能的，假设不成立，从而得证 $A\cap B=\varnothing$.

再证明 $A\cup B=\mathbf{N}$，因 $1-\alpha<a<1$，故

$$[\alpha+a]\geqslant 1, A\subset \mathbf{N}$$

因 $\frac{1}{\alpha}+\frac{1}{\beta}=1, b=-\frac{\beta}{\alpha}a$，故

$$b>\frac{\beta}{\alpha}-\beta, [\beta+b]\geqslant 1, B\subset \mathbf{N}$$

仍用反证法，假设存在正整数 $k\notin A\cup B$，则存在 i_0, j_0 使得 $i_0\alpha+a<k$，$(i_0+1)\alpha+a>k+1, j_0\beta+b<k, (j_0+1)\beta+b>k+1$，从而

$$\frac{k+1-a}{\alpha}-1<i_0<\frac{k-a}{\alpha}$$
$$\frac{k+1-b}{\beta}-1<j_0<\frac{k-b}{\beta}$$

相加得

$$k-1<i_0+j_0<k$$

又产生了矛盾，从而得证 $A\cup B=\mathbf{N}$.

§5 应　　用

本节我们将介绍前述试题 2 在数学竞赛命题中的一个应用，它看起来与贝蒂定理毫无联系，使我们颇有“异邦闻乡音”之感，然而这正体现了数学的所谓

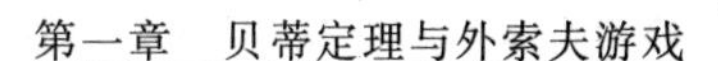

“意外美”，表现了数学竞赛命题者的匠心独运.

例 1　以下是一道美国普特南数学竞赛试题：

给定 A,B,C 三列数. A 列为十进制的形如 10^k 的数，其中 $k\geqslant 1$ 是整数，B 列和 C 列分别是将 A 列的数化为二进制和五进制的数.

A	B	C
10	1010	20
100	1100100	40
1 000	1111101000	13000
⋮	⋮	⋮

求证：对于任意的整数 $n>1$，恰好有一个 n 位数存在于 B 列或 C 列中.

证明　由贝蒂定理给定两个正无理数 x 和 y，使得 $\frac{1}{x}+\frac{1}{y}=1$，则正整数集可以写成如下两个不相交序列的并

$$[x],[2x],[3x],\cdots$$

$$[y],[2y],[3y],\cdots$$

10^k 在二进制下有 $[k\log_2 10]+1$ 位，10^k 在五进制下有 $[k\log_5 10]+1$ 位，取 $x=\log_2 10$，$y=\log_5 10$，即可证明原结论.

例 2　设 $f,g:\mathbf{Z}^+\rightarrow\mathbf{Z}^+$ 为严格递增数列，且 $f(\mathbf{Z}^+)\cap g(\mathbf{Z}^+)=\varnothing$，$f(\mathbf{Z}^+)\cup g(\mathbf{Z}^+)=\mathbf{Z}^+$，$g(m)=f(f(m))+1$，求 $f(2m)$.（第 20 届 IMO 试题英国供题）

解　我们取

$$\alpha=\frac{1+\sqrt{5}}{2},\beta=\frac{3+\sqrt{5}}{2}$$

则显见

$$\frac{1}{\alpha}+\frac{1}{\beta}=1,\beta=\alpha^2$$

并且 α,β 是满足上述两个条件的唯一一对无理数. 构造两个函数

$$f(m)=[\alpha m],g(m)=[\beta m]$$

它们显然满足 $f,g:\mathbf{Z}^+\rightarrow\mathbf{Z}^+$ 为严格递增函数，由试题 2 的结论可知，它们又满足 $f(\mathbf{Z}^+)\cap g(\mathbf{Z}^+)=\varnothing$，$f(\mathbf{Z}^+)\cup g(\mathbf{Z}^+)=\mathbf{Z}^+$，所以只需验证

$$g(m)=f(f(m))+1$$

事实上，一方面

$$\begin{aligned}[\alpha m]<\alpha m&\Rightarrow\alpha[\alpha m]<\alpha^2\\&\Rightarrow\alpha[\alpha m]<\beta m\\&\Rightarrow[\alpha[\alpha m]]<[\beta m]\end{aligned}$$

（因为 $\alpha>1$，所以不能取等号）；另一方面，有

$$\alpha=1+\frac{1}{\alpha},\beta=1+\alpha$$

$$\begin{aligned}\alpha[\alpha m]&=(1+\frac{1}{\alpha})[\alpha m]\\&=[\alpha m]+\frac{1}{\alpha}[\alpha m]\\&>[\alpha m]+\frac{1}{\alpha}(\alpha m-1)\\&=[\alpha m]+\frac{1}{\alpha}\cdot\alpha m-\frac{1}{\alpha}\\&=[(\alpha+1)m]-\frac{1}{\alpha}\\&>[\beta m]-1\end{aligned}$$

故

$$[\alpha[\alpha m]]\geqslant[\beta m]-1$$

综合以上有

$$[\alpha[\alpha m]]=[\beta m]-1$$

所以

$$\begin{aligned}f(2m)&=[\alpha(2m)]=\left[\frac{1+\sqrt{5}}{2}(2m)\right]\\&=\left[(1+\sqrt{5})m\right]=m+\left[\sqrt{5}m\right]\end{aligned}$$

例 3 1907 年,数学家外索夫发明了一种两个人玩的游戏,有个数任意的两堆物体,两个局中人按下列规则来轮流操作.规则如下:(1) 可以由一堆中取任意个物体(一次全部拿走也行,但不能一个不拿);(2) 可以从两堆中拿走同样多个物体(个数也是任意的,但不能少于 1).这样,谁取走最后一个物体,那么谁获胜.

如果我们用有序数对(k,l)表示两堆中分别有k个和l个物体,那么上述操作规则相当于:①$(k-t,l)$;②$(k,l-t)$;③$(k-t,l-t)$,其中$t\geqslant 1$,我们将状态(k,l)称为一个局势.

我们将用试题 2 的结论去证明:存在一种着法(操作手段)使得对某一类局势先着者必胜,对另一类局势后着者必胜.

如果将先着者必胜的局势称为非奇异局势,后着者必胜的局势称为奇异局势,那么我们说例 2 中的$f(n)$与$g(n)$即可构成奇异局势的两个分量.即奇异局势(a_n,b_n)中,$a_n=f(n)=[\alpha n]$,$b_n=g(n)=[\beta n]$.例如

$$\begin{aligned}a_{100}&=[100\cdot\alpha]=\left[100\times\frac{1+\sqrt{5}}{2}\right]\\&=[100\times 1.618\ 033\ 98\cdots]=161\end{aligned}$$

而

$$b_{100}=[100\cdot\beta]=\left[100\times\frac{3+\sqrt{5}}{2}\right]$$
$$=[100\times 2.618\ 033\ 98\cdots]=261$$

我们很容易计算出前面的一些奇异局势,如表 1 所示.

表 1

n	0	1	2	3	4	5	6	7	8	9	10	11	12	13	14	15	16	17
a_n	0	1	3	4	6	8	8	11	12	14	16	17	19	21	22	24	25	27
b_n	0	2	5	7	10	13	15	18	20	23	26	28	31	34	36	39	41	44

从表 1 中我们可以观察出奇异局势的三个特征:

(1)$a_0=b_0=0$.

(2) 奇异局势 $(a_n,b_n)(n=1,2,\cdots)$ 的分量 a_n 为在前 n 个奇异局势 $(a_0,b_0),(a_1,b_1),\cdots,(a_{n-1},b_{n-1})$ 中从未出现的最小自然数.

(3)$b_n=a_n+n$.

(1) 是显然的,我们仅证明(2),(3) 请读者自证. 事实上

$$\begin{aligned}&b_n-a_n\\=&[n\beta]-[n\alpha]\\=&[n\alpha]^2-[n\alpha]\\=&[n(1+\alpha)]-[n\alpha]\\=&[n+n\alpha]-[n\alpha]\\=&n+[n\alpha]-[n\alpha]\\=&n\end{aligned}$$

另外,由奇异局势的构造法和例 2 的结论可知:对任意一个自然数 k,它必出现且仅出现在一个奇异局势中. 据此我们有如下的引理:

引理 1　(1) 外索夫游戏中的任意着法都使奇异局势变为非奇异局势.

(2) 对任一非奇异局势,采用适当的着法,可将其变为奇异局势.

证明　先证(1). 若奇异局势(a_n,b_n) 经操作一次后得到的局势$(a_n-t,b_n)(t\geqslant 1)$ 仍为奇异局势,则 b_n 同时出现在两个奇异局势中,这是不可能的,故$(a_n-t,b_n)(t\geqslant 1)$ 为非奇异局势.

同理,$(a_n,b_n-t)(t\geqslant 1)$ 亦为非奇异局势.

若奇异局势(a_n,b_n) 经一次操作变为$(a_n-t,b_n-t)(t\geqslant 1)$,则 $a_k-b_k=(a_n-t)-(b_n-t)=a_n-b_n=n\neq k$,由奇异局势的特征(3) 知,$(a_n-t,b_n-t)$ 为非奇异局势.

再证(2). 如果给定的非奇异局势为(m,m),$m\neq 0$,那么,令 $t=m$,做如下

操作$(m-t,m-t)=(0,0)$后变为奇异局势.

如果给定的非奇异局势为(m,k)，$m<k$，分以下几种情况讨论：

①$m=a_n$，$k>a_n+n=b_n$，显然只需令$t=k-b_n$. 再做如下操作$(m,k-t)$，就给出了奇异局势(a_n,b_n).

②$m=a_n$，$k<a_n+n$，即$k-a_n=k-m=l<n$，这时只需令$t=a_n-a_l$，做如下操作

$$(m-(a_n-a_l),k-(a_n-a_l))=(a_l,a_l+l)=(a_l,b_l)$$

也得到了奇异局势.

③$m=b_n$，则令$t=k-a_n$，再施行操作$(m,k-t)$可得奇异局势(b_n,a_n)，亦即(a_n,b_n).

定理 6 在外索夫游戏中的两个对弈者，如果都采用正确的着法，那么胜负将由初始局势所确定. 即如果初始局势是非奇异的，那么先着者必胜；如果初局是奇异的，那么后着者必胜.

证明 由引理 1 可知，任何一个对弈者只要面对奇异局势又行了一着，那么他将会使局势变为非奇异的，而他的对手总有办法再行一着使局势恢复为奇异的. 且对手间每次操作后，总使局势中的分量之和a_n+b_n逐渐减少，由于初始局势的分量和为一个有限值，所以一定存在那样一个时刻使得局势为$(a_0,b_0)=(0,0)$. 由于当初始值为奇异局势时，先着者总是将局势变为非奇异的，而后着者又总有办法将局势变回到奇异的，但$(0,0)$是奇异的，所以后着者必胜.

同理当局势初始时为非奇异的，因先着者总有办法使之变为奇异的，所以仿上推理知，先着者必胜.

此定理要求对弈时我们手里应有一张大范围的奇异局势表.

§6 互补序列与可逆序列

我们在前几节讨论的均是具有以下两个性质：(1)$\{a_n\}\cup\{b_n\}=\mathbf{N}$；(2)$\{a_n\}\cap\{b_n\}=\varnothing$的两个序列$\{a_n\}$和$\{b_n\}$. 我们形象地将这两个序列称为互补序列. 数学家J. 拉姆贝克(Lambek)与L. 莫斯尔(Leo Moser)深入研究了这种序列，发表了如下的有趣定理：

拉姆贝克 — 莫斯尔定理 设$f(n)$是一个$\mathbf{N}\to\mathbf{N}$的不减函数，其中$\mathbf{N}=\mathbf{Z}^{+}+\{0\}$，定义

$$f^{*}(n)=|\{k\mid f(k)<n\}|$$

其中$|Z|$表示集合Z中元素的个数，记$F(\mathbf{N})$和$G(\mathbf{N})$分别为两个函数$F(n)=f(n)+n$，$G(n)=f^{*}(n)+n$的值域，则$F(\mathbf{N})$与$G(\mathbf{N})$是互补的.

证明　易见 $f^*(n)$ 可等价地表示为 $\max\{k \mid f(k) < n\}$. 显然 $f^*(n)$ 是不减的,又 $f(n)$ 是不减的,故 $F(n)$ 与 $G(n)$ 为严格递增函数.

以下验证:(1)$F(\mathbf{N}) \cup G(\mathbf{N}) = \mathbf{N}$;(2)$F(\mathbf{N}) \cap G(\mathbf{N}) = \varnothing$.

(1) 若存在 $\alpha \geqslant 1, \alpha \in \mathbf{N}$ 但 $\alpha \notin F(\mathbf{N})$,即不存在一个 β,使得 $\alpha = f(\beta) + \beta$. 我们分两种情况讨论.

① 当 $\alpha \leqslant f(0) + 0 = f(0)$ 时,注意到 $f(n)$ 的不减性,知不存在这样的整数 k 使 $f(k) < \alpha$,则由 $f^*(n)$ 的定义知

$$f^*(\alpha) = 0$$

且

$$\alpha = f^*(\alpha) + \alpha$$

则 $\alpha \in G(\mathbf{N})$.

② 当 $\alpha > f(0) + 0$ 时,注意到 $f(n)$ 的不减性,一定存在一个 $\alpha \in \mathbf{Z}^+$,使得

$$f(p) + p < \alpha < f(p+1) + p + 1$$

由于不等式中各项均为整数,所以有

$$\begin{aligned} & f(p) + p < \alpha \leqslant f(p+1) + p \\ \Rightarrow & f(p) < \alpha - p \leqslant f(p+1) \end{aligned} \tag{6}$$

当 $p = 0$ 时,式(6) 变为

$$\begin{aligned} & f(0) < \alpha \leqslant f(1) \\ \Rightarrow & f^*(\alpha) = 0 \\ \Rightarrow & \alpha = f^*(\alpha) + \alpha \\ \Rightarrow & \alpha \in G(\mathbf{N}) \end{aligned}$$

当 $p \geqslant 1$ 时,由式(6) 可得

$$p = f^*(\alpha - p)$$

并且

$$\begin{aligned} & \alpha - p > f(p) \geqslant 0 \\ \Rightarrow & \alpha - p \geqslant 1 \\ \Rightarrow & \alpha = (\alpha - p) + p = (\alpha - p) + f^*(\alpha - p) \\ \Rightarrow & \alpha \in G(\mathbf{N}) \end{aligned}$$

综合以上可知结论(1) 成立.

(2) 我们只需证:如果某一 $\beta \in \mathbf{N}$,且 $\beta \geqslant 1$,β 若在 $G(\mathbf{N})$ 中,则它一定不在 $F(\mathbf{N})$ 中.

若 $\beta \in G(\mathbf{N})$,则存在 $\gamma \in \mathbf{N}$,使得 $\beta = f^*(\gamma) + \gamma, \beta \geqslant 1, \gamma \geqslant 1$,有

$$\beta - \gamma = f^*(\gamma) \tag{7}$$

若 $\beta = \gamma$,则式(7) 变为

$$0=f^*(\gamma)=f^*(\beta)$$

就是说不存在整数 $q\geqslant 1$，使得 $f(p)<\beta\Rightarrow f(1)\geqslant\beta$. 再注意到 f 是不减的，所以对于所有 $s\geqslant 1$，有

$$f(s)+s>\beta\Rightarrow\beta\notin F(\mathbf{N})$$

若 $\beta-\gamma\geqslant 1$，由式(7)并顾及 f^* 的定义有

$$f(\beta-\gamma)<\gamma\leqslant f(\beta-\gamma+1)$$

将上式各项加上 $\beta-\gamma$，得

$$\begin{aligned}\beta-\gamma+f(\beta-\gamma)<\beta&\leqslant\beta-\gamma+f(\beta-\gamma+1)\\&<\beta-\gamma+1+f(\beta-\gamma+1)\end{aligned}$$

所以我们可以断言，对所有 $q=\beta-\gamma\geqslant 1,\beta\notin F(\mathbf{N})$.

综合(1)(2)可知命题为真.

在拉姆贝克—莫斯尔定理中的 f^* 与 f 被称为互逆序列，因为可以证明 $f^{**}=f$，即：

设 $f^*(y)=\max\{x\geqslant 0\mid f(x)\leqslant y\}$，当 $x\geqslant 0$，$f(x)$ 是一个严格递增函数时，有 $f^*(f(x))=x$.

事实上，设 $f(x_0)=n$. 现在 $f^*(n)$ 等于使得 $f(x)$ 小于或等于 n 的最大 x，亦即，使得 $f(x)$ 小于或等于 $f(x_0)$ 的最大的 x. 显然，x_0 是满足这个不等式的一个值. 因为 f 是严格递增的，所以 x_0 就是最大的这样的 x. 于是 $f^*(n)=f^*(f(x_0))=x_0$，对任意 x_0 都成立.

对于互逆序列我们有下面拉姆贝克—莫斯尔定理的逆定理：

逆定理　如果 $F(n)$ 与 $G(n)$ 是互逆序列，那么序列 $f(n)=F(n)-n$，$g(n)=G(n)-n$ 是互逆的，即

$$g(n)=f^*(n),f(n)=g^*(n)$$

例 4　求证：在正整数列删去所有的完全平方数后，第 n 项等于 $n+\langle\sqrt{n}\rangle$，其中 $\langle\sqrt{n}\rangle$ 表示最接近 $\sqrt{n}$ 的整数.

证明　此问题可转化为：对于两个互补序列

$$F(n):1,4,9,16,25,36,49,\cdots$$

$$G(n):2,3,5,6,7,8,10,\cdots$$

求证：序列 $G(n)$ 的第 n 项公式为

$$G(n)=n+\langle\sqrt{n}\rangle$$

只需构造两个互逆序列 f 与 f^*，如果我们得到了 $f^*(n)$ 的公式，那么由 $G(n)=f^*(n)+n$，$G(n)$ 的公式立即可得. $f(m)=F(m)-m=m^2-m$，由 f^* 的定义，并注意到 $m(m-1)$ 的递增性

$$f^*(n)=\max\{m\mid f(m)<n\}$$

$$=\max\{m \mid F(m)-m<n\}$$
$$=\max\{m \mid m^2-m<n\}$$
$$=\max\{m \mid m(m-1)<n\}$$

因为 $m,n\in\mathbf{Z}^+$，所以

$$\max\{m \mid m(m-1)<n\}$$
$$=\max\{m \mid m^2-m<n-\frac{1}{4}\}$$
$$=\max\{m \mid m^2-m+\frac{1}{4}<n\}$$
$$=\max\{m \mid (m-\frac{1}{2})^2<n\}$$
$$=\max\{m \mid m-\frac{1}{2}<\sqrt{n}\}$$
$$=\max\{m \mid m<\sqrt{n}+\frac{1}{2}\}$$
$$f^*(n)=\left[\sqrt{n}+\frac{1}{2}\right]$$
$$G(n)=f^*(n)+n=\left[\sqrt{n}+\frac{1}{2}\right]+n$$

现在证明：$\left[\sqrt{n}+\frac{1}{2}\right]=\langle\sqrt{n}\rangle$.

事实上，存在 $k\in\mathbf{N}$，使 $k\leqslant\sqrt{n}<k+1$.

① 若 $k\leqslant\sqrt{n}<k+\frac{1}{2}$，则

$$k+\frac{1}{2}\leqslant\sqrt{n}+\frac{1}{2}<k+1$$

所以 $\left[\sqrt{n}+\frac{1}{2}\right]=k$.

② 若 $k+\frac{1}{2}\leqslant\sqrt{n}<k+1$，则

$$k+1\leqslant\sqrt{n}+\frac{1}{2}<k+1+\frac{1}{2}$$

所以 $\left[\sqrt{n}+\frac{1}{2}\right]=k+1$.

无论 ①② 哪种情况，$\left[\frac{1}{2}+\sqrt{n}\right]$ 都是最接近 $\sqrt{n}$ 的整数.

§7 再谈数列的 N－互补性

上海市杨浦区教育学院的严华祥先生从另一个角度研究了这一问题.

我们先考察下列两对整数列$\{a_n\}$和$\{b_n\}$.它们的通项依次为：

①$a_n=3n,b_n=n+\left[\dfrac{2n-1}{4}\right]$,$n\in\mathbf{N}$,这里$[x]$表示不超过$x$的最大整数(下同).

②$a_n=n+[\ln n]$,$b_n=n+[\mathrm{e}^n]$,$n\in\mathbf{N}$,这里$\ln x$为自然对数,$\mathrm{e}=\lim\limits_{h\to 0}(1+h)^{\frac{1}{h}}$是自然对数的底.它们的前$n$项如表2所示.

表 2

n	1	2	3	4	5	6	7	…
$3n$	3	6	9	12	15	18	21	…
$n+\left[\dfrac{2n-1}{4}\right]$	1	2	4	5	7	8	10	…
$n+[\ln n]$	1	2	4	5	6	7	8	…
$n+[\mathrm{e}^n]$	3	9	23	58	153	409	1 103	…

发现在每一对数列中,任一个自然数恰好出现一次.就是说,一对数列中每个数列的项不相同,构成的集合$\{a_n\mid n\in\mathbf{N}\}$和$\{b_n\mid n\in\mathbf{N}\}$满足以下两条：

①$\{a_n\mid n\in\mathbf{N}\}\cup\{b_n\mid n\in\mathbf{N}\}=\mathbf{N}$;

②$\{a_n\mid n\in\mathbf{N}\}\cap\{b_n\mid n\in\mathbf{N}\}=\varnothing$.

如前述我们称这样的一对数列为 N－互补的.

这两对数列的问题及与此有关的问题引出了一个猜测,一个一般的结论,想法是从第二对数列提出来的.

第二对数列的证明相当难,但它的形式很有启发性.若令$\varphi(x)=\ln x$,则其反函数$\varphi^{-1}(x)=\mathrm{e}^x$.从而$a_n=n+[\varphi(n)]$,$b_n=n+[\varphi^{-1}(n)]$.第一对数列也可有类似的关系,于是有了下面的一般化结果.

定理 7 设$\varphi(x)$是定义在$(0,+\infty)$上的严格单调增函数,值域包含区间$[1,+\infty)$,且对任意的$n\in\mathbf{N}$有$\varphi(n)\notin\mathbf{Z}$,那么数列$f(n)=n+[\varphi(n)]$与$g(n)=n+[\varphi^{-1}(n)]$ $(n\in\mathbf{N})$是 N－互补的.

证明 显见,$f(n)$与$g(n)$是n的单调函数,故只需证明：

(1) 对任何$m,n\in\mathbf{N}$,有$f(m)\neq g(n)$.用反证法：

若$f(m)=g(n)$.对某$m,n\in\mathbf{N}$成立,即

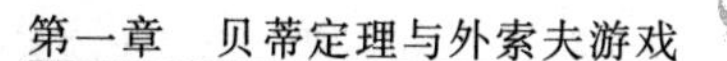

$$m+[\varphi(m)]=n+[\varphi^{-1}(n)]$$

令

$$k=[\varphi(m)],l=[\varphi^{-1}(n)]$$

则有

$$\varphi(m)=k+\alpha,\varphi^{-1}(n)=l+\beta$$

且因为 $\varphi(m)$ 和 $\varphi^{-1}(n)\notin\mathbf{Z}$,有

$$0<\alpha,\beta<1$$

及

$$\varphi(l+\beta)=n$$

从而有

$$\begin{aligned}m+\varphi(m)&>m+[\varphi(m)]\\&=n+[\varphi^{-1}(n)]+1\\&=\varphi(l+\beta)\\&>\varphi(l)+1\end{aligned}$$

由 $\varphi(x)$ 的单调性知 $m>l$,即

$$m\geqslant l+1$$

所以

$$\begin{aligned}m+[\varphi(m)]&\geqslant l+1+[\varphi(l+1)]\\&=[\varphi^{-1}(n)]+[\varphi(l+1)]+1\\&\geqslant[\varphi(1+\beta)]+1\\&=[\varphi^{-1}(n)]+n+1\end{aligned}$$

即

$$f(n)\geqslant g(n)+1$$

与 $f(m)=g(n)$ 矛盾.

(2) 证明:对任何 $k(\in\mathbf{N})$ 恰是某个 $f(n)$ 或 $g(n)$.

考虑到 $\varphi(x)$ 是单调递增的.若 $\varphi(1)>1$,必有 $\varphi^{-1}(1)<1$,即 $\varphi(1)$ 与 $\varphi^{-1}(1)$ 中恰有一个小于1,不妨设 $\varphi(1)<1$.从而

$$f(1)=1+[\varphi(1)]\leqslant 1$$

如果对 $k\in\mathbf{N}$,那么有 $k\notin\{f(n)\mid n\in\mathbf{N}\}$.下面求 l,使 $g(l)=k$.

显见,$\{n\in\mathbf{N}\mid f(n)<k\}\neq\varnothing$(注意,若 $k=1$,则 $f(1)<1$).于是可令

$$n_0=\max\{n\in\mathbf{N}\mid f(n)<k\}$$

则有不等式

$$k_0=f(n_0)<k<f(n_0+1)=k'$$

从而

$$k_0+2\leqslant k+1\leqslant k'$$

就有

$$k'-k_0\geqslant 2$$

$$\begin{aligned}k_0&=f(n_0)=n_0+[\varphi(n_0)]\\&<k<n_0+1+[\varphi(n_0+1)]=k'\end{aligned}$$

所以

$$\begin{aligned}k_0-n_0&=[\varphi(n_0)]\\&<k-n_0\\&<1+[\varphi(n_0+1)]\\&=k'-n_0\end{aligned}$$

$$\varphi(n_0)<k-n_0\leqslant[\varphi(n_0+1)]<\varphi(n_0+1)$$

因为 $\varphi^{-1}(n)$ 与 $\varphi(x)$ 一样也是单调递增的，两边取 φ^{-1}，则有

$$n_0<\varphi^{-1}(k-n_0)<n_0+1$$

所以

$$[\varphi^{-1}(k-n_0)]=n_0$$

取 $l=k-n_0$，则

$$l+n_0=k$$

从而有

$$l+[\varphi^{-1}(l)]=k$$

即

$$g(l)=k$$

由定理 7，第二对数列 $\mathbf{N}$－互补就易证了，因为 $\varphi(x)=\mathrm{e}^x$ 单调递增，定义域取 $[0,+\infty)$ 时，值域包含 $[1,+\infty)$. 对自然数 $n>1$，$\mathrm{e}^n\notin\mathbf{Z}$，其反函数 $\varphi^{-1}(x)=\ln x$. 考虑到 $n=1,2,3$ 在表 2 中已列出，可见 $f(n)=n+[\varphi(n)]$ 和 $g(n)=n+[\varphi^{-1}(n)]$ 为 $\mathbf{N}$－互补数列.

至于第一个数列，从 $a_n=3n$，有 $[\varphi(n)]=2n$，但若取 $\varphi(x)=2x$，会有 $\varphi(n)=2n\in\mathbf{N}$，这就不符合定理 7 的要求，由 $b_n=n+\left[\frac{2n-1}{4}\right]$ 有

$$[\varphi(n)]=\left[\frac{2n-1}{4}\right]$$

取 $\varphi(x)=\frac{2x-1}{4}$，则

$$\varphi^{-1}(x)=2x+\frac{1}{2}$$

$$\varphi(n)=\frac{2n-1}{4}\in\mathbf{Z}\quad(n\notin\mathbf{N})$$

且 $\varphi(x)$ 的定义域和值域也符合定理 7 的要求，并且

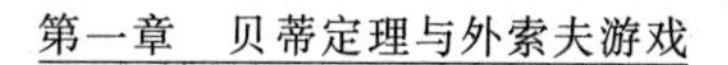

$$f(n)=n+[\varphi(n)]=n+\left[\frac{2n-1}{4}\right]=b_n$$

$$g(n)=n+[\varphi^{-1}(n)]=n+\left[2n+\frac{1}{2}\right]=3n=a_n$$

由定理 7，$f(n)$ 与 $g(n)$ 是 $\mathbf{N}$－互补的，$\{a_n\}$ 与 $\{b_n\}$ 也就 $\mathbf{N}$－互补.

定理 7 的证明中多次用到 $\varphi(n)\notin\mathbf{Z}$ 的性质，这是重要的. 例如

$$a_n=n+\left[\sqrt{n^3+1}\right],b_n=n+\left[\sqrt[3]{n^2-1}\right],n\in\mathbf{N}$$

它们的前 n 项如表 3 所示.

表 3

n	1	2	3	4	5	6	7	8	9	10	…
$n+\left[\sqrt{n^3+1}\right]$	2	5	8	12	16	20	25	30	36	41	…
$n+\left[\sqrt[3]{n^2-1}\right]$	1	3	5	6	7	9	10	11	13	14	…

它们的项中没有 4，却有 $a_2=b_3=5$，因为不定方程 $y^2=x^3+1$ 的整数解只有 $x=2,y=3$（由 $x^3=(y-1)(y+1)$ 可看出），所以这一对数列除此之外，所有自然数都出现一次，改动一点，使

$$a_n=n+\left[\sqrt{n^3+\frac{1}{2}}\right],b_n=n+\left[\sqrt[3]{n^2-\frac{1}{2}}\right]$$

就 $\mathbf{N}$－互补了.

由定理 7，容易得到下面的推论：

推论　若 $\alpha>0,\beta>0$ 为无理数，且 $\frac{1}{\alpha}+\frac{1}{\beta}=1$，则数列 $[n\alpha]$ 和数列 $[n\beta]$ 是 $\mathbf{N}$－互补的.

证明　由 $\frac{1}{\alpha}+\frac{1}{\beta}=1$ 构造 $\varphi(x)$. 使 $f(n)=[n\alpha]$，$g(n)=[n\beta]$. 这只要令 $\varphi(x)=(\alpha-1)x$. 这是正比例函数，且易见 $\alpha>1$，$\varphi(x)$ 单调递增，满足定理 7 对 $\varphi(x)$ 的全部条件，这时的 $\varphi^{-1}(x)=\frac{x}{\alpha-1}$. 而由 $\frac{1}{\alpha}+\frac{1}{\beta}=1$，得

$$\beta=\frac{\alpha}{\alpha-1}$$

$$\begin{aligned}g(n)&=n+[\varphi^{-1}(n)]\\&=[n+\varphi^{-1}(n)]\\&=\left[n+\frac{n}{\alpha-1}\right]\\&=\left[n\cdot\frac{\alpha}{\alpha-1}\right]\\&=[n\beta]\end{aligned}$$

$$f(n)=n+[\varphi(n)]=[n+(\alpha-1)n]=[n\alpha]$$

由定理7知 $f(n)$ 与 $g(n)$ 是 **N** - 互补的,即 $[n\alpha]$ 与 $[n\beta]$ 是 **N** - 互补的.

例5 从自然数集 **N**"筛选"数列 $\{a_n\}$:设 $a_1=1$,删去 $b_1=a_1+k$,其中 k 是某个自然数;接着取 a_2 为 **N** 中除去 a_1,b_1 后最小的数,删去 $b_2=a_2+2k$;再取 a_3 为 **N** 中除去 a_1,a_2,b_1,b_2 后最小的数,删去 $b_3=a_3+3k$,如此继续下去,得到数列 $\{a_n\}$,求 a_n 的表达式.

解 由数列 $\{a_n\}$ 与 $\{b_n\}$ 的构成,知它们是 **N** - 互补的,$\{a_n\}$ 的唯一性是明显的,用构造法,给其一个形式,找出通项来:令 $a_n=[n\alpha]$ $(\alpha>0,\alpha\notin\mathbf{Q})$,则

$$b_n=a_n+nk=[n\alpha]+nk=[n(\alpha+k)]$$

再令 $\beta=\alpha+k\notin\mathbf{Q}$. 由 $\frac{1}{\alpha}+\frac{1}{\beta}=1$,求得

$$\alpha=\frac{1}{2}(2-k+\sqrt{k^2+4})>0$$

由于 $k>0$ 为自然数,k^2+4 不是完全平方数,从而 α 是一个正的无理数,又 $\{a_n\}$ 与 $\{b_n\}$ 互补,则 $a_n=[n\alpha]$ 为所求.

由定理7可以编拟和解答下列问题:

(i) 任何一个公差 $d=k-1$,$a_1\in\mathbf{N}$ 的等差数列都有一个形如 $b_n=n+[\varphi(n)]$ 的 **N** - 互补数列(取 $\varphi(x)=(k-1)x+a_1-k+\alpha$,$\alpha>0$ 为无理数).

(ii) 已知数列 $\{a_n\}$ 的通项

$$a_n=n+\left[\csc\frac{\pi}{2(n+1)}\right]$$

数列 $\{b_n\}$ 的通项

$$b_n=n-1+\left[\frac{2}{\pi}\arcsin\frac{1}{n}\right]$$

则 $\{a_n\}$ 与 $\{b_n\}$ 是 **N** - 互补的.

(iii) 数列 $\{a_n\}$ 的通项 $a_n=3n^2-2n$,数列 $\{b_n\}$ 的通项 $b_n=n+\left[\sqrt{\frac{n}{3}}+\frac{1}{2}\right]$,$n\in\mathbf{N}$,则 $\{a_n\}$ 与 $\{b_n\}$ 是 **N** - 互补的.(取 $\varphi(x)=\sqrt{\frac{x}{3}}+\frac{1}{2}$)

(iv) 已知数列 $\{a_n\}$ 的通项

$$a_n=n+\left[\sqrt{3n}+\frac{1}{2}\right]$$

数列 $\{b_n\}$ 的通项

$$b_n=\left[\frac{n^2+2n}{3}\right]$$

则 $\{a_n\}$ 与 $\{b_n\}$ 是 **N** - 互补的.

提示 取 $\varphi(x)=\sqrt{3x}+\frac{1}{2}$,则

$$\varphi^{-1}(x)=\frac{1}{3}(x-\frac{1}{2})^2$$

这时

$$\begin{aligned}b_n&=n+[\varphi^{-1}(n)]\\&=\left[n+\frac{n^2-n}{3}+\frac{1}{12}\right]\\&=\left[\frac{n^2+2n}{3}+\frac{1}{12}\right]\\&=\left[\frac{n^2+2n}{3}\right]\end{aligned}$$

可见这里的 $\varphi(x)$ 中所用常数$\frac{1}{2}$ 还可以改为其他小于 1 的正数.

可见解决这些例题和练习题的关键在于构造函数 $\varphi(x)$，而它不唯一，因为我们只利用其函数值的整数部分.

§8　贝蒂定理与一道第 34 届 IMO 试题

在 1993 年举行的第 34 届 IMO 中的第 5 题为：

试题 3　设 $\mathbf{N}=\{1,2,3,\cdots\}$，试证：是否存在一函数 $h:\mathbf{N}\to\mathbf{N}$，使得：

(1)$h(1)=2$.

(2)$h(h(n))=h(n)+n$，对一切 $n\in\mathbf{N}$ 成立.

(3)$h(n)<h(n+1)$，对一切 $n\in\mathbf{N}$ 成立.

从公布的解答来看，有一种很唐突的感觉，因为它一开始就构造了一个函数

$$h(n)=\left[\frac{\sqrt{5}+1}{2}n+\frac{\sqrt{5}-1}{2}\right]$$

(其中$[x]$表示高斯(Gauss) 函数)，然后逐条验证它满足题中的条件(解答见《中等数学》1993 年第 5 期或《福建中学数学》1993 年第 6 期)，这两个解答都像一块“飞来之石”来路不明，给人以很大的疑问，这个函数是怎么想到的？

苏联教育专家苏霍姆林斯基说：“你要使你的学生 …… 面前出现疑问，如果你能做到这一点，事情就成功了一半.”(《谈教师的建议》) 所以我们要珍惜这个疑问，要回答这个问题必须从 1978 年在罗马尼亚举行的第 20 届 IMO 中英国所提供的第 3 题的解法谈起.

试题4 设 $f,g:\mathbf{Z}^+\to\mathbf{Z}^+$ 是严格递增函数，且

$$f(\mathbf{Z}^+)\cup g(\mathbf{Z}^+)=\mathbf{Z}^+$$
$$f(\mathbf{Z}^+)\cap g(\mathbf{Z}^+)=\varnothing$$
$$g(n)=f(f(n))+1$$

求 $f(2n)$.($\mathbf{Z}^+$ 是正整数集合，$\varnothing$ 是空集)

此题有多种解法，但比较有价值的解法是利用贝蒂定理的解法(见《互补与互逆序列》，湖南数学通讯，1992年第4期)，其解法的关键是导出 $g(n)$ 与 $f(n)$ 的一个关系式，即

$$g(n)=f(n)+n \tag{8}$$

又注意到已知条件中的 $g(n)=f(f(n))+1$，故有

$$f(f(n))+1=f(n)+n \tag{9}$$

而这与试题3中的条件(2)何其相似，有相似的条件必有相似的结果，试题4最后的答案为

$$f(n)=\left[\frac{\sqrt{5}+1}{2}n\right]$$

$$g(n)=\left[\frac{\sqrt{5}+3}{2}n\right]$$

其中显然 $f(n+1)>f(n)$ 与试题3中的条件(3)相似，以上的解题经验告诉我们，可以猜测：$h(n)$ 应与 $f(n)$ 差不多，由 $h(1)=2,f(1)=1,h(1)=f(1)+1$，一般会猜测：$h(n)=f(n)+1$.

但遗憾的是验证不了它满足试题3中的条件(3).所以我们必须换一种猜测，注意到

$$f(2)=3,h(1)=3-1=f(2)-1$$

故可猜测 $h(n)=f(n+1)-1$，即 $f(n+1)=h(n)+1$，剩下的只需验证 $h(n)$ 满足试题3中的条件(2)(3)即可.

由试题4的证明，有

$$f(f(n))=f(n)+n-1$$
$$\Leftrightarrow f(h(n-1)+1)=h(n-1)+n$$
$$\Leftrightarrow h(h(n-1))+1=h(n-1)+n$$
$$\Leftrightarrow h(h(n-1))=h(n-1)+(n-1)$$

即

$$h(h(n))=h(n)+n$$

再由 $f(n)$ 的递增性可推知 $h(n)$ 的递增性，至此

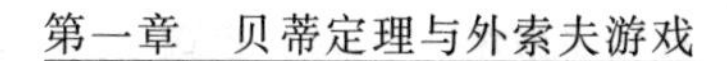

$$
\begin{aligned}
h(n) &= f(n+1)-1 \\
&= \left[\frac{\sqrt{5}+1}{2}(n+1)\right]-1 \\
&= \left[\frac{\sqrt{5}+1}{2}n+\frac{\sqrt{5}+1}{2}-1\right] \\
&= \left[\frac{\sqrt{5}+1}{2}n+\frac{\sqrt{5}-1}{2}\right]
\end{aligned}
$$

完全符合试题3的三个条件.所以从这个意义上讲试题3与试题4是等价的.即严格说来试题3并不是一个新题.

单墫教授给出了一个易于接受的叙述过程：

这是一个需要判断的问题.满足要求的函数是否存在？如果存在，它是什么？如果不存在，为什么？

面对一个难题，解决的方法只有先“尝试”(有一位哲人说过：“自古成功在尝试”).

尝试(也就是探索)应从简单情况入手.最简单的情况莫过于一次函数 $h(n)=an+b$，而 $b=0$ 则是它最简单的情况.因此，不妨设 $h(n)=an(n\in \mathbf{N})$ 试试.由于试题3中条件(3)的要求，函数递增，所以 a 应当大于0.

当 $a=1$ 时，$h(n)=n$，这时，$h(1)=1$，不符合试题3中条件(1).

当 $a=2$ 时，$h(n)=2n$.此时试题3中条件(1)(3)满足，条件(2)怎样呢？

$h(h(n))=2f(n)=f(n)+f(n)=f(n)+2n$，很遗憾，条件(2)不满足！

更大的 a，导致比 $h(n)+2n$ 更大的 $h(h(n))$，因此，没有使试题3中条件(2)成立的 a.

$h(n)=an+b(a>0,b\neq 0)$ 也不能使试题3中条件(2)成立，这是因为，这样将导致

$$
\begin{aligned}
h(h(n)) &= ah(n)+b \\
&= a(an+b)+b \\
&= a^2n+(ab+b) \\
&= (an+b)+n \\
&= (a+1)n+b
\end{aligned}
$$

即

$$(a^2-a-1)n=-ab,n\in \mathbf{N}$$

显然，上式是不可能成立的.

一次函数不能满足要求，能否断言满足要求的函数不存在了呢？不能，线性函数不满足要求，其他函数还可能满足要求.如果将次数升高，比如二次函数

$$h(n)=an^2+bn+c,a\neq 0$$

此时,$h(h(n))$ 变成四次,试题 3 中条件(2) 更不能成立,由此断定,次数不能升高,还是回到一次较接近目标.(因为 $h(n)=2n$ 已满足条件(1),但在 $a=1$ 及 $a\geqslant 2$ 时尝试都告失败,真是“山重水复疑无路”了.)

仔细回顾一下,$a=1$ 太小,$a=2$ 又大了.a 在 1,2 之间如何呢?这样就必须放弃 a 为整数的要求(这一限制是我们自己加的,可以放弃).为探索 a,用待定系数法.

对于 $h(n)=an$,有 $h(h(n))=a^2n$.要使试题 3 中条件(2) 成立,即 $a^2n=an+n$,我们应取

$$a=\frac{\sqrt{5}+1}{2}$$

遗憾的是 $h(n)=\frac{\sqrt{5}+1}{2}n$ 不是整值函数,它的值是无理数,虽然它能使试题3中条件(2) 成立.

我们真是陷入“顾此失彼”的绝境.

冷静分析题目对 $h(n)$ 的三个要求.试题 3 中条件(2) 是关键,既然 $h(n)=\frac{\sqrt{5}+1}{2}n$ 满足不了条件(2),千万不要轻易放弃.

为使 $f(n)$ 为整值,这并不难,取

$$h(n)=\left[\frac{\sqrt{5}+1}{2}n\right]$$

这里 $[x]$ 表示不超过 x 的最大整数.

它首先满足试题 3 中条件(3),但 $f(1)=1\neq 2$,为此,修正它,令

$$h(n)=\left[\frac{\sqrt{5}+1}{2}n\right]+1$$

此时,$h(n)$ 满足试题 3 中条件(1)(3).而

$$\begin{aligned}
h(h(n))&=\left[\frac{\sqrt{5}+1}{2}h(n)\right]+1\\
&=\left[\frac{\sqrt{5}-1}{2}h(n)\right]+h(n)+1\\
&=\left[\frac{\sqrt{5}-1}{2}\left[\frac{\sqrt{5}+1}{2}n\right]+\frac{\sqrt{5}-1}{2}\right]+h(n)+1\\
&=\left[n-\frac{\sqrt{5}-1}{2}\left\{\frac{\sqrt{5}+1}{2}n\right\}+\frac{\sqrt{5}-1}{2}\right]+h(n)+1\\
&=h(n)+n+1
\end{aligned}$$

不满足试题 3 中条件(2),但已相差不远,再做“微调”,令

$$h(n)=\left[\frac{\sqrt{5}+1}{2}n+b\right],0<b<1$$

这时

$$\begin{aligned}h(h(n))&=\left[\frac{\sqrt{5}+1}{2}h(n)+b\right]\\&=\left[\frac{\sqrt{5}-1}{2}h(n)+b\right]+h(n)\\&=\left[\frac{\sqrt{5}-1}{2}\left[\frac{\sqrt{5}+1}{2}n+b\right]+b\right]+h(n)\\&=h(n)+n+\left[b+\frac{\sqrt{5}-1}{2}b-\frac{\sqrt{5}-1}{2}\cdot\{\frac{\sqrt{5}+1}{2}n+b\}\right]\end{aligned}$$

这里

$$\{x\}=x-[x]$$

当 x 为无理数时，$\{x\}$ 表示一个 0，1 之间的纯小数.

我们希望上式中[…]为 0，则

$$0<\frac{\sqrt{5}+1}{2}b-\frac{\sqrt{5}-1}{2}\{\frac{\sqrt{5}+1}{2}n+b\}<1$$

为此，取

$$b=\frac{1}{\frac{\sqrt{5}+1}{2}}=\frac{\sqrt{5}-1}{2}$$

此时

$$\begin{aligned}\frac{\sqrt{5}+1}{2}n+b&=\frac{\sqrt{5}+1}{2}n+\frac{\sqrt{5}-1}{2}\\&=\frac{\sqrt{5}+1}{2}(n+1)-1\end{aligned}$$

是无理数.从而

$$0<\{\frac{\sqrt{5}+1}{2}n+b\}<1$$

更有

$$0<\frac{\sqrt{5}-1}{2}\{\frac{\sqrt{5}+1}{2}n+b\}<1$$

因此

$$0<\frac{\sqrt{5}+1}{2}b-\frac{\sqrt{5}-1}{2}\{\frac{\sqrt{5}+1}{2}n+b\}<1$$

从而

$$h(n)=\left[\frac{\sqrt{5}+1}{2}n+\frac{\sqrt{5}-1}{2}\right]$$

就满足所有要求，它就是所求函数.

§9 几种不同解法

1981年，香港大学数学系的杨森茂教授和福建师范大学数学系副教授陈圣德合作编译了《第一届至第二十二届国际中学数学竞赛题解》，其中给出了试题4的两个解法. 令人感到惋惜的是，陈圣德先生在刚刚完成书稿后便于1981年10月不幸病故. 记录于此，以示纪念.

解法1 由题设知

$$f(1)<f(2)<f(3)<\cdots<f(n)<\cdots$$

$$g(1)<g(2)<g(3)<\cdots<g(n)<\cdots$$

$$u\leqslant f(u)\leqslant f[f(u)]<g(u) \tag{10}$$

现在先算出开头的几个函数值. 显然

$$f(1)=1,\ g(1)=f(1)+1=2$$

因为 $g(2)>f(2)>f(1)$，而3必有一函数值和它相等，故

$$f(2)=f(3)$$

从而

$$g(2)=f(3)+1$$

于是得

$$f(3)=4,\ g(2)=5$$

再则 $g(3)=f(4)+1$，故得

$$f(4)=6,\ g(3)=7$$

依此推算下去，可得

$$f(5)=8,\ g(4)=19$$

$$f(6)=10,\ g(5)=11$$

$$f(7)=12,\ g(6)=13$$

$$\vdots$$

若 $f(s)=m$，则在前 m 个正整数中，f 值恰好出现 s 次，而其余 $m-s$ 个正整数中，每一个必有一个 g 值和它相等. 设 t 是满足不等式

$$g(t)<f(s) \tag{11}$$

的最大整数，则

$$t=m-s$$

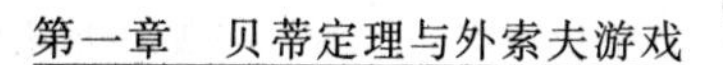

即

$$f(s)=s+t \tag{12}$$

又因 $f[f(t)]+1=g(t)$，由式(11) 得

$$f[f(t)]<f(s)$$

由于 f 的严格单调性，上式等价于

$$f(t)<s \tag{13}$$

这里 t 是满足式(13) 的最大整数. 一般地讲，$f(t)$ 的值接近于 s，即

$$s\approx f(t) \tag{14}$$

以式(14) 除式(12) 的两边得

$$\frac{f(s)}{s}\approx 1+\frac{t}{f(t)}$$

这样我们就可以看出 f 的值和它的自变量的值的比约等于下面方程的一个正根

$$x=1+\frac{1}{x}$$

或

$$x^2-x-1=0 \tag{15}$$

式(15) 的正根为$\frac{1}{2}(1+\sqrt{5})$，故

$$f(s)\approx\frac{1}{2}(1+\sqrt{5})s \tag{16}$$

计算得

$$f(1)\approx 1.6, f(2)\approx 3.2, f(3)\approx 4.9, f(4)\approx 6.4,\cdots$$

把这些值与前面算得的准确值进行比较，不难看出只要去掉近似值的小数部分，就都成为等式，即

$$f(s)=\left[\frac{1}{2}(1+\sqrt{5})s\right] \tag{17}$$

这里$[x]$表示 x 的整数部分.

假如式(17) 对于小于 s 的 t 成立，即

$$f(t)=\left[\frac{1}{2}(1+\sqrt{5})t\right]$$

则 t 是满足

$$\left[\frac{1}{2}(1+\sqrt{5})t\right]<s \tag{18}$$

的最大整数. 由于 s 是整数，故

$$\frac{1}{2}(1+\sqrt{5})t<s$$

或

$$t<\frac{2s}{1+\sqrt{5}}=\frac{1}{2}(\sqrt{5}-1)s \tag{19}$$

因为满足式(18)的最大整数亦即满足式(19)的最大整数，故

$$t=\left[\frac{1}{2}(\sqrt{5}-1)s\right]$$

于是由式(12)得

$$\begin{aligned}f(s)&=s+\left[\frac{1}{2}(\sqrt{5}-1)s\right]\\&=\left[s+\frac{1}{2}(\sqrt{5}-1)s\right]\\&=\left[\frac{1}{2}(1+\sqrt{5})s\right]\end{aligned}$$

这样就证明了对于任何 s，等式(17)都能成立.

令 $s=2u$，得

$$f(2u)=\left[(1+\sqrt{5})u\right]$$

解法 2 由题设知 f,g 的值都不互相重复，而且每一个正整数都有一个 f 值或 g 值和它相等，所以若 $g(n)=k$，则在前 k 个正整数中，g 值出现 n 次，f 值出现 $k-n$ 次. 又因

$$g(n)=f[f(n)]+1$$

故小于 $g(n)$ 的 f 值有 $f(n)$ 个. 由此可知

$$f(n)=k-n$$

即

$$g(n)=f(n)+n \tag{20}$$

由式(20)及解法1，开头 n 个函数值就可以算出.

设在 $g(n-1)$ 和 $g(n)$ 之间有 t 个 f 值，则下面的一组函数值是连续整数

$$f(m-1),g(n-1),f(m),f(m+1),\cdots,$$
$$f(m+t-1),g(n)$$

由于

$$g(n-1)=f(m-1)+1$$
$$g(n)=f(m+t-1)+1$$

故有

$$f[f(n-1)]=f(m-1)$$
$$f[f(n)]=f(m+t-1)$$

又由于 f 的严格单调性，得

$$f(n-1)=m-1$$

$$f(n)=m+t-1$$

于是 $m,m+1,\cdots,m+t-2$ 这 $t-1$ 个数是 g 的 $t-1$ 个值. 但由 $g(n)=f[f(n)]+1$ 知两个 g 值之间至少有一个 f 值,则 $t-1=0$ 或 1,即 $t=1$ 或 2. 故两个 g 值之间至多有两个 f 值. 由此又知

$$f(n)=f(n-1)+1 \text{ 或 } f(n-1)+2 \tag{21}$$

现在我们用归纳法证明不等式

$$[f(n)]^2-nf(n)<n^2<[f(n)+1]^2-n[f(n)+1] \tag{22}$$

当 $n=1$ 时,$f(1)=1$,式(22) 显然成立.

假设当 $1\leqslant n\leqslant s$ 时,式(22) 都成立. 当 $n=s+1$ 时,则由式(21) 知

$$f(s+1)=f(s)+j,j=1 \text{ 或 } 2$$

情形 1　$f(s+1)=f(s)+1$.

这时式(22) 的左边可写成

$$\begin{aligned}&[f(s)+1]^2-(s+1)[f(s)+1]\\=&[f(s)]^2-sf(s)+f(s)-s\end{aligned} \tag{23}$$

由归纳假设

$$[f(s)]^2-sf(s)<s^2$$

又显然

$$f(s)<2s$$

故式(23) 的左边小于

$$s^2+f(s)-s<s^2+s<(s+1)^2$$

这样就证明了式(22) 左边的不等式.

因为 $f(s-1),g(t),f(s),f(s+1),g(t+1)$ 是连续整数,所以有

$$f[f(t)]=f(s-1)$$
$$f[f(t+1)]=f(s+1)$$

于是

$$f(t)=s-1$$
$$f(t+1)=s+1$$

从而存在

$$g(r)=s$$
$$f[f(r)]=s-1=f(t)$$

即

$$f(r)=t$$

而

$$s=g(r)=f(r)+r=t+r$$

即

$$r=s-t$$

又

$$\begin{aligned}f(s+1)&=g(t+1)-1\\&=f(t+1)+(t+1)-1\\&=s+t+1\end{aligned}$$

所以

$$f(r)=t=f(s+1)-(s+1)$$

$$r=s-t=(2s+1)-f(s+1)$$

因为 $r<s$,所以由归纳假设,式(22)右边不等式成立.把 r 和 $f(r)$ 代入并移项,得

$$r[f(r)+r+1]<[f(r)+1]^2$$

即

$$[2s+1-f(s+1)](s+1)<[f(s+1)-s]^2$$

展开并移项,得

$$[f(s+1)]^2-(s-1)f(s+1)-s>s^2+2s+1$$

所以

$$[f(s+1)+1]^2-(s+1)[f(s+1)+1]>(s+1)^2$$

这样,式(22)右边的不等式也证明了.

情形2 $f(s+1)=f(s)+2$.

由于 $f(s),g(t),f(s+1)$ 是连续整数,故

$$s=f(t)$$

$$f(s+1)=g(t)+1=f(t)+t+1=s+t+1$$

即

$$t=f(s+1)-(s+1)$$

因为 $t\leqslant f(t)=s$,所以由归纳假设,式(22)右边的不等式成立.把 t 和 $f(t)$ 代入,得

$$t^2<[f(t)+1]^2-t[f(t)+1]$$

即

$$\begin{aligned}&[f(s+1)-(s+1)]^2\\&<(s+1)^2-[f(s+1)-(s+1)](s+1)\end{aligned}$$

展开并移项,得

$$[f(s+1)]^2-(s+1)f(s+1)<(s+1)^2$$

这样就证明了式(22)左边的不等式.再则

$$\begin{aligned}&[f(s+1)+1]^2-(s+1)[f(s+1)+1]\\&=[(f(s)+1)+2]^2-(s+1)[f(s+1)+1]\end{aligned}$$

$$=[f(s)+1]^2-s[f(s)+1]+3f(s)-2s+5$$
$$>s^2+3f(s)-2s+5$$

要证明式(22)右边的不等式成立,只要证明

$$s^2+3f(s)-2s+5>(s+1)^2$$

或

$$3f(s)-4s+4>0$$

现在

$$f(s)=f(s+1)-2=f(t)+t-1$$
$$s=f(t)$$

故

$$3f(s)-4s+4=3f(t)+3t-3-4f(t)+4$$
$$=3t-f(t)+1$$
$$>t+1>0$$

至此,我们证毕不等式(22),此即

$$[f(s)]^2-sf(s)-s^2<0$$
$$[f(s)+1]^2-s[f(s)+1]-s^2>0$$

现在方程 $x^2-sx-s^2=0$ 的正根为$\frac{1}{2}(1+\sqrt{5})s$,故若 $x>0,x^2-sx-s^2<0$,则 $x<\frac{1}{2}(1+\sqrt{5})s$;若 $x>0,x^2-sx-s^2>0$,则 $x>\frac{1}{2}(1+\sqrt{5})s$.这证明了

$$f(s)<\frac{1}{2}(1+\sqrt{5})s$$

$$f(s)+1>\frac{1}{2}(1+\sqrt{5})s$$

因 $f(s)$ 是正整数,故

$$f(s)=\left[\frac{1}{2}(1+\sqrt{5})s\right]$$

令 $s=2u$,得

$$f(2u)=\left[(1+\sqrt{5})u\right]$$

以下解法选自江仁俊先生 1978 年在湖北省暨武汉市数学年会上所做的专题介绍.(见《国际数学竞赛试题讲解》湖北人民出版社)

解法 3　我们已经用过符号“$\Rightarrow$”,它表示“由左端可推出右端”,有时还在箭头上标出推理的根据或理由.

为了叙述的方便,我们将试题 4 所给条件依次标记为

$$f,g:\mathbf{Z}^+\to\mathbf{Z}^+\text{ 为严格递增函数}\tag{24}$$

$$f(\mathbf{Z}^+) \cup g(\mathbf{Z}^+) = \mathbf{Z}^+ \text{（正整数集）} \tag{25}$$

$$f(\mathbf{Z}^+) \cap g(\mathbf{Z}^+) = \varnothing \text{（空集）} \tag{26}$$

$$g(m) = f[f(m)] + 1, m \in \mathbf{Z}^+ \tag{27}$$

下面分三个步骤来求 $f(2m)$.

第一步 求值列表.

由式(25)知

$$f(m) = \max\{f(1), f(2), \cdots, f(m)\}$$

因而显然有

$$f(m) \geqslant m \tag{28}$$

而且,由式(28)知

$$f[f(m)] \geqslant f(m) \overset{(24)}{\Rightarrow} f[f(m)] + 1 > f(m)$$

$$\overset{(27)}{\Rightarrow} g(m) > f(m) \tag{29}$$

由式(24)(25)及(29)知

$$f(1) = 1$$

故

$$g(1) = f[f(1)] + 1 = f(1) + 1 = 2$$

由式(24)与(26)分别得到

$$\left.\begin{array}{l} f(2) > f(1) \\ f(2) \neq 2 = g(1) \end{array}\right\} \Rightarrow f(2) \geqslant 3$$

但若 $f(2) > 3$,则将产生矛盾,因为

$$f(2) > 3 \overset{(29)}{\Rightarrow} g(2) > 3$$

$$\overset{(24)(25)}{\Rightarrow} 3 \notin f(\mathbf{Z}^+) \cup g(\mathbf{Z}^+) = \mathbf{Z}^+$$

所以

$$f(2) = 3$$

由式(24)

$$f(3) \geqslant 4$$

但 $f(3)$ 不能大于 4,否则将产生矛盾.因为

$$g(2) = f[f(2)] + 1 = f(3) + 1 > 4 \overset{(24)(25)}{\Rightarrow} 4 \notin \mathbf{Z}^+$$

所以

$$f(3) = 4, g(2) = 5$$

由式(24)

$$f(4) > f(3) = 4 \overset{(26)}{\Rightarrow} f(4) > 5 \Rightarrow f(4) \geqslant 6$$

但若 $f(4) > 6$,则将又产生矛盾.因为

$$g(3)=f[f(3)]+1=f(4)+1>6 \overset{(24)(25)}{\Rightarrow} 6\notin \mathbf{Z}^+$$

所以

$$f(4)=6,\ g(3)=7$$

仿照前面的推理，可陆续求出

$$f(5)=8, f(6)=9, g(4)=10, f(7)=11$$

$$f(8)=12, g(5)=13, \cdots$$

于是列出自变量 m 与函数值 $f(m)$，$g(m)$ 的对应数值表如表 4 所示.

表 4

m	1	2	3	4	5	6	7	8	9	…
$f(m)$	1	3	4	6	8	9	11	12	…	
$g(m)$	2	5	7	10	13	15	18	…		

由于表 4 中的数值是根据式(24)(25)(26)(27)推求出来的，所以表中数值是满足试题 4 所给全部条件的. 此外，还可从表 4 中看出：

对于任意的 $m\in \mathbf{Z}^+$，都有

$$g(m)=f(m)+m \tag{30}$$

函数值 $f(m+1)$ 是 $\mathbf{Z}^+$ 中除 $f(1), f(2), \cdots, f(m), g(1), g(2), \cdots, g(m)$ 外的最小正整数. (30′)

对式(30)的一般证明见后面的注；我们来证结论式(30′)成立.

事实上，设式(30′)中的最小正整数为 l，则由式(24)与式(26)得

$$f(m+1)\geqslant l$$

但若 $f(m+1)>l$，就有

$$f(m+1)>l \overset{(24)(29)}{\Rightarrow} g(m+1)>l \Rightarrow l\notin \mathbf{Z}^+$$

与式(25)矛盾，所以

$$f(m+1)=l$$

根据式(30)与式(30′)，可将表 4 续写至任何已知的正整数，所得结果不但符合题设全部条件，而且是唯一决定的. 比如

$$g(8)=f(8)+8=12+8=20$$

此时 $\mathbf{Z}^+$ 中已出现过的正整数为 1,2,3,4,5,6,7,8,9,10,11,12,13,⑭,15,⑯,⑰,18,⑲,20,…(圆圈内的数是未出现过的)，因此

$$f(9)=14, g(9)=f(9)+9=14+9=23$$

$$f(10)=16, g(10)=f(10)+10=16+10=26$$

$$f(11)=17, g(11)=f(11)+11=17+11=28$$

$$f(12)=19, g(12)=f(12)+12=19+12=31$$

$$f(13)=21, g(13)=f(13)+13=21+13=34$$

由此可见,符合题设条件的函数 $f(m)$ 与 $g(m)$ 的值就这样唯一无重复地共同组成了正整数数列.

第二步 求 $f(m)$ 与 $g(m)$ 的一般表达式.

使 $f(m)$ 与 $g(m)$ 无重复地共同组成正整数数列,其一般表达式是怎样的呢?为了解决这一问题,我们需要用到数论中的结论,先证下面的引理:

引理 2 如果正无理数 α 与 β 满足

$$\frac{1}{\alpha}+\frac{1}{\beta}=1 \tag{31}$$

那么 $[\alpha m]$ 与 $[\beta m]$ 就无重复地共同组成正整数数列.其中 $m\in\mathbf{Z}^{+}$,$[x]$ 表示不超过正数 x 的最大整数.

证明 这实际上就是要证:对于任意一个正整数 N,不在数列 $\{[\alpha m]\}$ 中出现,就在数列 $\{[\beta m]\}$ 中出现且仅出现一次.

数列 $\{[\alpha m]\}$ 与 $\{[\beta m]\}$ 中的各项,显然都是正整数,用 m_1 与 m_2 分别表示各数列中不大于 N 的正整数的个数,则

$$m_1=\max\{m \mid [\alpha m]\leqslant N\}$$

由式(31),有

$$0<\beta=\frac{\alpha}{\alpha-1}\Rightarrow\alpha>1,\beta>1 \tag{32}$$

所以

$$\begin{aligned}&[\alpha m_1]\leqslant N\leqslant[\alpha(m_1+1)]\\&\overset{(32)}{\Rightarrow}\alpha m_1<N+1<\alpha(m_1+1)\\&\Rightarrow m_1<\frac{N+1}{\alpha}<m_1+1\end{aligned} \tag{33}$$

同理可得

$$m_2<\frac{N+1}{\beta}<m_2+1 \tag{34}$$

式(33)+(34),并根据式(31)整理,得

$$m_1+m_2<N+1<m_1+m_2+2$$
$$m_1+m_2-1<N<m_1+m_2+1$$

所以

$$m_1+m_2=N$$

这就是说,在 $\{[\alpha m]\}$ 和 $\{[\beta m]\}$ 中,不大于 N 的正整数恰好共有 N 个.但由正整数 N 的任意性,同样可知,其中不大于 $N-1(N>1)$ 的正整数也恰好共有 $N-1$ 个,于是两者一比较,即得在 $\{[\alpha m]\}$ 和 $\{[\beta m]\}$ 中,大于 $N-1$ 而不大于 N 的正整数有且仅有一个,它正好就是 N.换句话说,任何正整数 N 不在 $\{[\alpha m]\}$ 和 $\{[\beta m]\}$ 中,大于 $N-1$ 而不大于 N 的正整数有且仅有一个,它正好

就是 N. 换句话说,任何正整数 N 不在 $\{[\alpha m]\}$ 中出现一次,就在 $\{[\beta m]\}$ 中出现一次,二者必居其一. 引理 2 证毕.

满足式(31) 的正无理数组 $\{\alpha,\beta\}$ 有无限多组. 例如

$$\alpha=\sqrt{2},\beta=2+\sqrt{2}$$

$$\alpha=\sqrt{5},\beta=\frac{5+\sqrt{5}}{4}$$

$$\alpha=\frac{1+\sqrt{5}}{2},\beta=\frac{3+\sqrt{5}}{2}$$

$$\vdots$$

但是,如果引理 2 中的 α,β 不仅满足条件(31),而且满足条件

$$\beta=\alpha^2 \tag{35}$$

那么正无理数组 (α,β) 就是唯一的.

事实上,将式(31) 与式(35) 联立求解,并取正根,则

$$\alpha^2-\alpha-1=0,\alpha=\frac{1+\sqrt{5}}{2} \tag{36}$$

$$\beta=\alpha^2=1+\alpha,\beta=\frac{3+\sqrt{5}}{2} \tag{37}$$

设 α,β 为满足式(31) 与式(35) 的两个确定的正无理数,则 $m(\in \mathbf{Z}^+)$ 的函数

$$f(m)=[\alpha m],g(m)=[\beta m] \tag{38}$$

满足式(24)(25)(26)(27).

事实上,因为两个正无理数 α 与 β 满足式(31),故由引理 2 知,式(38) 满足式(24)(25)(26). 需要证明的只是式(38) 满足条件式(27).

一方面,因 α 为大于 1 的无理数,故有

$$\begin{aligned}&[\alpha m]<\alpha m\\ &\Rightarrow\alpha[\alpha m]<\alpha^2 m\\ &\overset{(35)}{\Rightarrow}\alpha[\alpha m]<\beta m\\ &\overset{(26)}{\Rightarrow}[\alpha(\alpha m)]<[\beta m]\end{aligned} \tag{39}$$

另一方面,又由式(31) 与式(35),有

$$\alpha=1+\frac{1}{\alpha},\beta=\alpha+1$$

于是

$$\begin{aligned}[\alpha[\alpha m]]&=(1+\frac{1}{\alpha})[\alpha m]\\ &=[\alpha m]+\frac{1}{\alpha}[\alpha m]\end{aligned}$$

$$> [\alpha m]+\frac{1}{\alpha}(\alpha m-1)$$

$$=[\alpha m]+m-\frac{1}{\alpha}$$

$$=[\alpha m+m]-\frac{1}{\alpha}$$

$$=[(\alpha+1)m]-\frac{1}{\alpha}$$

$$>[\beta m]-1$$

所以

$$[\alpha[\alpha m]]\geqslant[\beta m]-1 \tag{40}$$

比较式(39)与式(40),得

$$[\alpha[\alpha m]]=[\beta m]-1$$

即

$$[\beta m]=[\alpha[\alpha m]]+1 \tag{41}$$

式(41)即说明式(38)满足条件(27)

$$g(m)=f(f(m))+1$$

第三步 最后求出 $f(2m)$ 的一般表达式.

不难依次算出式(38)中的两个函数

$$f(m)=[\alpha m]=\left[\frac{1+\sqrt{5}}{2}m\right]$$

$$g(m)=[\beta m]=\left[\frac{3+\sqrt{5}}{2}m\right]$$

$(m\in\mathbf{Z}^+)$ 的取值与表4完全一致,比如

$$f(1)=\left[\frac{1+\sqrt{5}}{2}\right]=[1.618\cdots]=1$$

$$g(1)=\left[\frac{3+\sqrt{5}}{2}\right]=[2.618\cdots]=2$$

$$f(2)=\left[\frac{1+\sqrt{5}}{2}\times 2\right]=[3.236\cdots]=3$$

$$g(2)=\left[\frac{3+\sqrt{5}}{2}\times 2\right]=[5.236\cdots]=5$$

$$f(3)=\left[\frac{1+\sqrt{5}}{2}\times 3\right]=[4.854\cdots]=4$$

$$g(3)=\left[\frac{3+\sqrt{5}}{2}\times 3\right]=[7.854\cdots]=7$$

$$f(4)=\left[\frac{1+\sqrt{5}}{2}\times 4\right]=[6.472\cdots]=6$$

$$g(4)=\left[\frac{3+\sqrt{5}}{2}\times 4\right]=[10.472\cdots]=10$$

$$f(5)=\left[\frac{1+\sqrt{5}}{2}\times 5\right]=[8.090\cdots]=8$$

$$g(5)=\left[\frac{3+\sqrt{5}}{2}\times 5\right]=[13.090\cdots]=13$$

$$\vdots$$

表 4 由题设条件知是唯一的，又式(38) 满足题设的全部条件，所以本题的最后条件是

$$\begin{aligned}f(2m)&=[\alpha(2m)]=\left[\frac{1+\sqrt{5}}{2}(2m)\right]\\&=\left[(1+\sqrt{5})m\right]=m+\left[\sqrt{5}m\right]\end{aligned}$$

注 1　关于式(30)，即 $g(m)=f(m)+m$ 的一般证明.

对于任意的 $m\in\mathbf{Z}^{+}$，都有

$$g(m)+1\in f(\mathbf{Z}^{+})\tag{42}$$

否则

$$\begin{aligned}&g(m)+1\notin f(\mathbf{Z}^{+})\\&\overset{(26)}{\Rightarrow}g(m)+1\in g(\mathbf{Z}^{+})\\&\overset{(27)}{\Rightarrow}g(m)+1=f(f(m'))+1\\&\Rightarrow g(m)=f(f(m'))\end{aligned}$$

与式(26) 矛盾，其中 $m'\in\mathbf{Z}^{+}$.

对于任意的 $m\in\mathbf{Z}^{+}$，都有

$$g(m+1)\geqslant g(m)+2\tag{43}$$

由式(24)，$g(m+1)-g(m)\geqslant 1$，但 $g(m+1)-g(m)\neq 1$，否则由式(42) 得$g(m+1)=g(m)+1\in f(\mathbf{Z}^{+})$ 与式(26) 矛盾，所以式(43) 成立.

若 $m\in g(\mathbf{Z}^{+})$，则

$$f(m+1)=f(m)+1\tag{44}$$

先证对于 $g(\mathbf{Z}^{+})$ 中的 m，有 $f(m)+1\in f(\mathbf{Z}^{+})$.

设 $m\in\mathbf{Z}^{+}$，且 $\mu=g(m)$，如果此时 $f(\mu)+1\notin f(\mathbf{Z}^{+})$，那么必有 $m'\in\mathbf{Z}^{+}$，使

$$\begin{aligned}f(\mu)+1\in g(\mathbf{Z}^{+})&\overset{(27)}{\Rightarrow}f(g(m))+1=f(f(m'))+1\\&\Rightarrow f(g(m))=f(f(m'))\end{aligned}$$

$$\overset{(24)}{\Rightarrow} g(m)=f(m')$$

与式(26)矛盾,判断成立.

再证式(44)成立.由式(24)

$$f(m+1)>f(m)\Rightarrow f(m+1)\geqslant f(m)+1$$

但若上式的不等号成立,则对任何 $\mu\in\mathbf{Z}^+$ 均有

$$\begin{aligned}f(m+\mu)&>f(m)+1\\&\overset{(29)}{\Rightarrow} g(m+\mu)\\&>f(m)+1\\&\Rightarrow \text{正整数 } f(m)+1\notin\mathbf{Z}^+\end{aligned}$$

与式(25)矛盾,式(44)证毕.

若 $m\in f(\mathbf{Z}^+)$,则

$$f(m+1)=f(m)+2\tag{45}$$

显然

$$\begin{cases}m\in f(\mathbf{Z}^+)\overset{(27)}{\Rightarrow} f(m)+1\in g(\mathbf{Z}^+)\\(24)\overset{(26)}{\Rightarrow} f(m+1)\geqslant f(m)+2\overset{(27)}{=}g(m')+1\\(42)\Rightarrow g(m')+1\in f(\mathbf{Z}^+)\end{cases}$$

$$\Rightarrow f(m)+2\in f(\mathbf{Z}^+)\overset{(24)(25)(26)}{\Rightarrow}\text{式(45)}$$

用归纳法证明:$g(m)=f(m)+m$ 对 $\mathbf{Z}^+$ 中任意正整数成立.

当 $m=1$ 时,$g(1)=2,f(1)+1=1+1=2$,即 $g(1)=f(1)+1$ 成立.

设 $m=k$ 时,命题成立,即

$$g(k)=f(k)+k\tag{46}$$

这里 $k\in\mathbf{Z}^+$,下面就两方面的情况分别进行研究.

① 对于 $k\in f(\mathbf{Z}^+)$ 的情况,由式(45)得

$$f(k+1)=f(k)+2\tag{47}$$

但是,由

$$\begin{aligned}k\in f(\mathbf{Z}^+)&\overset{(27)}{\Rightarrow} f(k)+1\in g(\mathbf{Z}^+)\\&\overset{(44)}{\Rightarrow} f[f(k)+2]=f[f(k)+1]+1\end{aligned}\tag{48}$$

由式(47),可知

$$\begin{aligned}f[f(k+1)]+1&=f[f(k)+2]+1\\&\overset{(48)}{=}f[f(k)+1]+2\\&\overset{(45)}{=}f[f(k)]+1+3\end{aligned}$$

$$\overset{(27)}{\Rightarrow} g(k+1)=g(k)+3\tag{49}$$

式(49) − 式(47) 得

$$g(k+1)-f(k+1)=g(k)-f(k)+1$$

$$\overset{(46)}{\Rightarrow} g(k+1)-f(k+1)=f(k)+k-f(k)+1$$

$$\overset{(27)}{\Rightarrow} g(k+1)=f(k+1)+(k+1) \tag{50}$$

这就是说,当 $m=k+1$ 时命题仍成立.

② 对于 $k\in g(\mathbf{Z}^+)$ 的情况,由式(44) 得

$$f(k+1)=f(k)+1 \tag{51}$$

$$f(k)\in f(\mathbf{Z}^+)\overset{(45)}{\Rightarrow} f[f(k)+1]=f[f(k)]+2 \tag{52}$$

由式(51),可知

$$f[f(k+1)]=f[f(k)+1]\overset{(52)}{=} f[f(k)]+2$$

$$\Rightarrow f[f(k+1)]+1=f[f(k)]+1+2$$

$$\overset{(27)}{\Rightarrow} g(k+1)=g(k)+2 \tag{53}$$

式(53) − 式(51) 得

$$g(k+1)-f(k+1)=g(k)-f(k)+1$$

$$\overset{(46)}{\Rightarrow} g(k+1)-f(k+1)=f(k)+k-f(k)+1$$

$$\Rightarrow g(k+1)=f(k+1)+(k+1) \tag{54}$$

这就是说,当 $m=k+1$ 时命题仍成立.

由式(50) 与式(54),对于任意的 $m\in\mathbf{Z}^+$,都有等式

$$g(m)=f(m)+m$$

注 2　关于式(35) 的由来.

可以证明,两个正整数 m 的一次函数

$$F(m)=\alpha m, G(m)=\beta m \tag{55}$$

满足条件

$$G(m)=F(F(m)) \tag{56}$$

时,函数

$$f(m)=[F(m)]=[\alpha m]$$

与

$$g(m)=[G(m)]=[\beta m]$$

一定满足题设全部条件,特别是包括式(27) 的条件. 其中 α,β 都是满足式(31) 的正无理数(此问题的证明,不仅篇幅长,而且又要用到整数论的其他结论,因而从略).

由式(55)(56) 不难推出 $\beta=\alpha^2$. 这是因为

$$\beta m=Gm=F(F(m))=F(\alpha m)=\alpha(\alpha m)=\alpha^2 m$$

注 3　本题也可采用下述步骤求解.

第一步,由题设条件具体算出 f 与 g 的前若干个值,并将它们按由小到大的顺序排列,其分布概况是

$$f,g,f,f,g,f,g,f,f,g,f,f,g,f,g,f,\cdots$$

第二步,为寻求 f 与 g 的一般分布规律,构造一个序列

$$P_N=\{f,g,\cdots\}$$

其中有 N 个元,第 k 个元是 f 或是 g,应视 $k\in f(\mathbf{Z}^+)$ 或 $k\in g(\mathbf{Z}^+)$ 而定.

用数学归纳法证明:P_{F_n} 是 $P_{F_{n-1}}$ 与 $P_{F_{n-2}}$ 的依次合并.

此处 F_n 是斐波那契(Fibonacci) 数列①的第 n 项

$$F_1=1,F_2=2,\cdots,F_n=F_{n-1}+F_{n-2},\cdots$$

第三步,用数学归纳法证明:P_{F_n} 中恰含 F_{n-1} 个 f 值和 F_{n-2} 个 g 值. 由此进一步归纳为

$$f(F_{n-1}+m)=F_n+f(m),1\leqslant m\leqslant F_{n-2}$$

$$g(F_{n-2}+m)=F_n+g(m),1\leqslant m\leqslant F_{n-3}$$

第四步,再用归纳法证明

$$f(m)=\left[\frac{F_n}{F_{n-1}}m\right],F_{n-1}<m\leqslant F_n,m\geqslant 3$$

第五步,证明$\frac{F_n}{F_{n-1}}$(当 $n\to\infty$ 时) 的极限是$\frac{1+\sqrt{5}}{2}$,从而求出

$$f(m)=\left[\frac{1+\sqrt{5}}{2}m\right]$$

$$\begin{aligned}f(2m)&=\left[\frac{1+\sqrt{5}}{2}\cdot 2m\right]\\&=\left[(1+\sqrt{5})m\right]\\&=\left[m+\sqrt{5}m\right]\\&=m+\left[\sqrt{5}m\right]\end{aligned}$$

---

① 所谓斐波那契数列,是指这样的一个数列

$$F_0=1,F_1=1,F_2=2,F_3=3,F_4=5,F_5=8,F_6=13,\cdots$$

它的通项满足循环方程

$$F_n=F_{n-1}+F_{n-2}$$

也就是说,斐波那契数列的每一项 $F_n(n\geqslant 2)$,可以用它前面的两项 F_{n-1} 与 F_{n-2} 的和来表示.

斐波那契数列的通项公式为

$$F_n=\frac{1}{\sqrt{5}}\left[(\frac{1+\sqrt{5}}{2})^{n+1}-(\frac{1-\sqrt{5}}{2})^{n+1}\right]$$

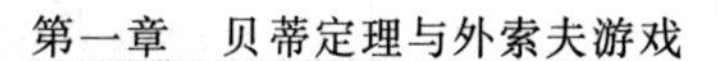

关于试题 4 最繁杂的解答当属发表于江苏师范学院《中学数学研究与讨论》1978 年第二期的如下解法 4.（见《国际数学奥林匹克》江苏科学技术出版社，1980 年）

解法 4　为求 $f(2\mu)$，先讨论函数 f,g 的一些性质.

性质 1　$f(1)=1,g(1)=2$.

事实上，由题意，数 1 只能被 $f(1)$ 或 $g(1)$ 所取到，但 $g(1)=f[f(1)]+1>1$，所以

$$f(1)=1$$

并且

$$g(1)=f[f(1)]+1=f(1)+1=2$$

性质 2　对于给定的 n，命 k_n 为不等式 $g(x)<f(n)$ 的正整数解的个数，则

$$f(n)=n+k_n$$

事实上，一方面由假设可知

$$f(1)=1<g(1)<\cdots<g(k_n)<\cdots<f(n)$$

是代表 $f(n)$ 个连续的正整数. 但另一方面，它显然由 n 个正整数 $f(1),\cdots,f(n)$ 及 k_n 个正整数 $g(1),\cdots,g(k_n)$ 所组成，故 $f(n)=n+k_n$.

性质 3　若 $f(n)=N$，则：

(1) $f(N)=N+n-1$.

(2) $f(N+1)=(N+1)+n$.

事实上，因为

$$g(n-1)=f[f(n-1)]+1\leqslant f(N-1)+1\leqslant f(N)$$

及

$$g(n)=f[f(n)]+1=f(N)+1>f(N)$$

所以适合 $g(x)<f(N)$ 的最大整数 x 必为 $n-1$. 因此

$$f(N)=N+n-1$$

同理可证

$$f(N+1)=N+n+1$$

性质 4　$g(n)=f(n)+n$.

事实上，由性质 3

$$\begin{aligned}g(n)&=f[f(n)]+1\\&=[f(n)+n-1]+1\\&=f(n)+n\end{aligned}$$

性质 5　(1) $1\leqslant f(n+1)-f(n)\leqslant 2$.

(2) $2\leqslant g(n+1)-g(n)\leqslant 3$.

事实上，不等式 $f(n+1)-f(n)\geqslant 1$ 是显然的. 于是

$$\begin{aligned} & g(n+1)-g(n) \\ =& [f(n+1)+n+1]-[f(n)+n] \\ =& f(n+1)-f(n)+1 \geqslant 2 \end{aligned}$$

不等式 $g(n+1)-g(n)\geqslant 2$ 说明了在 $g(n)$ 与 $g(n+1)$ 之间至少有一个函数 f 的值存在.由此也就说明了在 $f(n)$ 与 $f(n+1)$ 之间至多只含有一个函数 g 的值.所以

$$f(n+1)-f(n)\leqslant 2$$

从而可得

$$g(n+1)-g(n)\leqslant 3$$

如令 $f_n=f(n)$, $g_n=g(n)$,那么从 $f(1)=1$ 出发,利用上面的性质可以把 f 和 g 的值逐个推算出来

$$f_1, g_1, f_2, f_3, g_2, f_4, g_3, f_5, f_6, g_4, f_7, f_8, g_5, \cdots$$

不难发现,这个序列与斐波那契数列有密切关系.为此,我们定义一个序列 P_n,规定 P_n 的第 $k(1\leqslant k\leqslant n)$ 项是 f 或 g,视 $k\in f(\mathbf{Z}^+)$ 或 $k\in g(\mathbf{Z}^+)$ 而定,例如

$$P_1=\{f\}, P_2=\{f,g\}$$
$$P_3=\{f,g,f\}, P_4=\{f,g,f,f\}, \cdots$$

并用记号 P_nP_m 表示两个序列 P_n, P_m 的依次合并,即把序列 P_m 衔接于序列 P_n 之末尾.那么

$$P_{F_3}=P_3=\{f,g,f\}=P_2P_1=P_{F_2}P_{F_1}$$
$$P_{F_4}=P_5=\{f,g,f,f,g\}=P_{F_3}P_{F_2}$$

一般地,启发我们:$P_{F_{n+1}}$ 是 P_{F_n} 与 $P_{F_{n-1}}$ 的合并

$$P_{F_{n+1}}=P_{F_n}P_{F_{n-1}}$$

也就有 $P_{F_{n+1}}$ 中恰好有 F_n 个 f 值及 F_{n-1} 个 g 值.而且 $F_{n+1}+M$ 与 M 同为 f 值或同为 g 值 $(1\leqslant M\leqslant F_n)$,这句话也就是等价于等式

$$f(F_n+r)=F_{n+1}+f(r), 1\leqslant r\leqslant F_{n-1}$$
$$g(F_{n-1}+s)=F_{n+1}+g(s), 1\leqslant s\leqslant F_{n-2}$$

下面我们继续讨论 f, g 的一些性质,以证明这些猜测是正确的.

性质 6　$f(F_{2k-1})=F_{2k}-1$, $f(F_{2k})=F_{2k+1}$.

用数学归纳法来证明性质 6.当 $k=1$ 时,有

$$f(F_1)=f(1)=1=F_2-1$$
$$f(F_2)=f(2)=3=F_3$$

假定性质 6 对自然数 k 为真,则由性质 3 可知

$$f(F_{2k+1})=f[f(F_{2k})]=F_{2k+1}+F_{2k}-1=F_{2(k+1)}-1$$
$$\begin{aligned} f(F_{2(k+1)}) &= f[f(F_{2k+1})+1] \\ &= F_{2(k+1)}+F_{2k+1} \\ &= F_{2k+3}=F_{2(k+1)+1} \end{aligned}$$

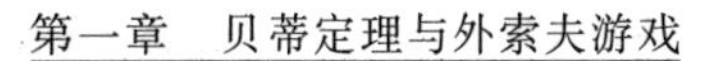

所以对自然数 $k+1$ 亦为真.

性质 6 说明,当 n 为奇数时,F_n 为 f 值;当 n 为偶数时,F_n 为 g 值.

性质 7　若 $k>1$,则 F_k+1 恒为 f 值.

事实上,若 k 为偶数,则 F_k 为 g 值,故 F_k+1 为 f 值;若 k 为奇数,令 $k=2s+1$,则 $F_{2s+1}=f(F_{2s})$,要是 $F_k+1=F_{2s+1}+1=f(F_{2s})+1$ 为 g 值,于是必可表为 $f[f(t)]+1$ 的形式,如此,$F_{2s}=f(t)$ 为 f 值,此为不可能,故 F_k+1 仍为 f 值.

性质 8　P_{F_n} 中恰有 F_{n-1} 个 f 值和 F_{n-2} 个 g 值.

事实上,若 n 为奇数,$n=2k+1$,则因

$$F_{2k+1}=f(F_{2k})$$

可知 $P_{F_{2k+1}}$ 中有 F_{2k} 个 f 值,于是 g 值有 $F_{2k+1}-F_{2k}=F_{2k-1}$ 个.

若 n 为偶数,$n=2k$,则由性质 6 知

$$F_{2k}=f(F_{2k-1})+1=f[f(F_{2(k-1)})]+1=g(F_{2(k-1)})$$

故 $P_{F_{2k}}$ 中有 F_{2k-2} 个 g 值,有 $F_{2k}-F_{2k-2}=F_{2k-1}$ 个 f 值. 总之,在 P_{F_n} 中不论 n 为奇数或偶数,恰有 F_{n-1} 个 f 值,有 F_{n-2} 个 g 值.

性质 9　$F_{k+1}+M$ 与 $M(1\leqslant M\leqslant F_k)$ 同为 f 值或同为 g 值等价于等式

$$f(F_k+r)=F_{k+1}+f(r),1\leqslant r\leqslant F_{k-1}$$

$$g(F_{k-1}+s)=F_{k+1}+g(s),1\leqslant s\leqslant F_{k-2}$$

事实上,如果 $F_{k+1}+M$ 与 M 同为 f 值或同为 g 值,则可写成等式

$$P_{F_{k+1}+M}=P_{F_{k+1}}P_M$$

注意到在序列 $P_{F_{k+1}}$ 中恰有 F_k 个 f 值. 现在考虑 $P_{F_{k+1}+M}$ 中第 F_k+r 个 f 值,它位于序列 $P_{F_{k+1}+M}$ 的第 $f(F_k+r)$ 项,而它又位于 $P_{F_{k+1}}P_M$ 中的第 $F_{k+1}+f(r)$ 项,故等式:$f(F_k+r)=F_{k+1}+f(r)$ 成立.

同理可得另一等式.

性质 10　当 $n>1$ 时,F_n+M 与 $M(1\leqslant M\leqslant F_{n-1})$ 同为 f 值或同为 g 值.

当 $n=2,3$ 时,可直接检验结论为真. 假设 $n=k$ 时亦为真,当 $n=k+1$ 时,再对 M 用归纳法,由性质 7 可知当 $M=1$ 时亦为真,故假定对于 $1\leqslant m\leqslant M$ 亦为真. 要证明对于 $M+1$ 亦为真.

事实上,若 $M\in g(\mathbf{Z}^+)$,$F_{k+1}+M\in g(\mathbf{Z}^+)$,则必有

$$M+1\in f(\mathbf{Z}^+)$$

$$F_{k+1}+M+1\in f(\mathbf{Z}^+)$$

又若 $M-1\in f(\mathbf{Z}^+)$,$M\in f(\mathbf{Z}^+)$ 及 $F_{k+1}+M-1\in f(\mathbf{Z}^+)$,$F_{k+1}+M\in f(\mathbf{Z}^+)$,势必得出 $M+1\in g(\mathbf{Z}^+)$ 及 $F_{k+1}+M+1\in g(\mathbf{Z}^+)$. 故在这两种情形之下,结论是正确的. 剩下来必须考虑当 $M-1\in g(\mathbf{Z}^+)$,$M\in f(\mathbf{Z}^+)$,及 $F_{k+1}+M-1\in g(\mathbf{Z}^+)$,$F_{k+1}+M\in f(\mathbf{Z}^+)$ 这一情形.

令　$$M=f(r),M-1=g(s)$$

则

$$M=f(r)=r+s$$

$$f(s)=g(s)-s=(M-1)-(M-r)=r-1$$

若设

$$f(s+1)=r+t,t=0,1$$

则

$$\begin{aligned}g(s+1)-g(s)&=(s+1)+(r+t)-(M-1)\\&=t+2\end{aligned}$$

由归纳假定 $F_{k+1}+m(1\leqslant m\leqslant M)$ 与 m 同为 f 值或同为 g 值，故由性质 9 可知

$$f(F_k+r)=F_{k+1}+f(r)=F_{k+1}+M$$

且

$$g(F_{k-1}+s)=F_{k+1}+g(s)=F_{k+1}+M-1$$

又因为

$$\begin{aligned}g(F_{k-1}+s+1)&=F_{k-1}+s+1+f(F_{k-1}+s+1)\\&=F_{k-1}+s+1+F_k+f(s+1)\\&=F_{k-1}+s+1+F_k+r+t\\&=F_{k+1}+M+t+1\end{aligned}$$

所以

$$\begin{aligned}&g(F_{k-1}+s+1)-g(F_{k-1}+s)\\=&t+2\\=&g(s+1)-g(s)\end{aligned}$$

利用这个等式，就可说明若 $t=0$，则

$$\begin{aligned}g(s+1)&=g(s)+2=(M-1)+2\\&=M+1\in g(\mathbf{Z}^+)\end{aligned}$$

$$\begin{aligned}g(F_{k-1}+s+1)&=g(F_{k-1}+s)+2\\&=F_{k+1}+M-1+2\\&=F_{k+1}+M+1\in g(\mathbf{Z}^+)\end{aligned}$$

即 $M+1$ 与 $F_{k+1}+M+1$ 同为 g 值.

若 $t=1$，则 $g(s+1)=M+2\in g(\mathbf{Z}^+)$，故

$$M+1\in f(\mathbf{Z}^+)$$

$$g(F_{k-1}+s+1)=F_{k+1}+m+2\in g(\mathbf{Z}^+)$$

故

$$F_{k+1}+M+1\in f(\mathbf{Z}^+)$$

即 $M+1$ 与 $F_{k+1}+M+1$ 同为 f 值.

有了以上这些准备，再利用斐波那契数列的性质就可以计算 $f(\mu)$. 由性质 1 和 2，即得

$$f(1)=1,f(2)=3$$

对于给定的 $\mu \geqslant 3$，一定存在这样的 n，使 $F_{n-1}<\mu \leqslant F_n$. 下面我们证明

$$f(\mu)=\left[\frac{F_n}{F_{n-1}}\mu\right],F_{n-1}<\mu \leqslant F_n,\mu \geqslant 3 \tag{57}$$

这里 $[x]$ 表示不超过 x 的最大整数.

用数学归纳法. 当 $n=3$ 时，μ 只能等于 3，此时 $f(3)=4$，而 $\left[\frac{F_3}{F_2}\times 3\right]=\left[\frac{3}{2}\times 3\right]=4$，所以等式成立.

假设对于 $3 \leqslant n \leqslant k$ 的 n，式(57) 成立，下面要证明 $n=k+1$ 时也成立. 令 $\mu=F_k+M(1 \leqslant M \leqslant F_{k-1})$.

若 $M=1$，则一方面由性质 9 和 10 可得

$$f(F_k+1)=F_{k+1}+f(1)=F_{k+1}+1$$

另一方面，由于

$$\left[\frac{F_{k+1}}{F_k}\right]=\left[\frac{F_k+F_{k-1}}{F_k}\right]=\left[1+\frac{F_{k-1}}{F_k}\right]=1$$

故

$$\begin{aligned}\left[\frac{F_{k+1}}{F_k}(F_k+1)\right]&=\left[F_{k+1}+\frac{F_{k+1}}{F_k}\right]\\&=F_{k+1}+\left[\frac{F_{k+1}}{F_k}\right]\\&=F_{k+1}+1\end{aligned}$$

所以，当 $M=1$ 时等式(57) 成立.

若 $M=2$，则由于

$$\begin{aligned}\left[\frac{2F_{k+1}}{F_k}\right]&=\left[\frac{2(F_k+F_{k-1})}{F_k}\right]\\&=\left[\frac{3F_k+F_{k-1}-(F_k-F_{k-1})}{F_k}\right]\\&=3+\left[\frac{F_{k-1}-F_{k-2}}{F_{k-1}+F_{k-2}}\right]\\&=3\end{aligned}$$

及

$$f(2)=3$$

便可推知等式仍然成立. 于是可设 $M \geqslant 3$，并取 l，使

$$F_{l-1}<M \leqslant F_l,3 \leqslant l \leqslant k-1$$

对于这样的 l，由归纳假定知

$$f(M)=\left[\frac{F_l}{F_{l-1}}M\right]F_{l-1}<M \leqslant F_l$$

因为 M 可能取值 $F_{l-1}+1,\cdots,F_{l-1}+F_{l-2}$，所以 M 必不能被 F_{l-1} 所整除，又因为 F_l 与 F_{l-1} 互素①，故 F_lM 必不能被 F_{l-1} 所整除. 用 S 代表 $\frac{F_lM}{F_{l-1}}$ 的分数部分，即

$$\frac{F_l}{F_{l-1}}M=\left[\frac{F_l}{F_{l-1}}M\right]+S$$

那么

$$\frac{1}{F_{l-1}}\leqslant S\leqslant\frac{F_{l-1}-1}{F_{l-1}}$$

利用斐波那契数列的一个性质②

$$\frac{F_k}{F_{k-1}}-\frac{F_{k+l+1}}{F_{k+l}}=\frac{(-1)^kF_l}{F_{k-1}F_{k+l}}$$

就有

---

① 若用 (a,b) 表示两个整数 a 与 b 的最大公约数，则明显的有

$$(F_{l+1},F_l)=(F_{l-1}+F_l,F_l)=(F_l,F_{l-1})=\cdots=(F_1,F_0)=1$$

② 这个性质可对 l 用数学归纳法予以证明.

(i) 当 $l=0$ 时，即要证明

$$\frac{F_k}{F_{k-1}}-\frac{F_{k+1}}{F_k}=\frac{(-1)^k}{F_{k-1}F_k}$$

因为

$$\frac{F_k}{F_{k-1}}-\frac{F_{k+1}}{F_k}=\frac{F_k^2-F_{k-1}F_{k+1}}{F_{k-1}F_k}$$

所以我们只要证明等式

$$F_k^2-F_{k-1}F_{k+1}=(-1)^k$$

对 k 用归纳法. 当 $k=1,2$ 时，可直接验证是正确的. 设等式对 k 成立，则有

$$\begin{aligned}F_{k+1}^2-F_kF_{k+2}&=(F_k+F_{k-1})^2-F_k(F_k+F_{k+1})\\&=F_{k-1}^2+2F_kF_{k-1}-F_kF_{k+1}\\&=F_{k-1}^2+2F_kF_{k-1}-F_k(F_k+F_{k-1})\\&=-F_k^2+F_kF_{k-1}+F_{k-1}^2\\&=-F_k^2+F_{k-1}F_{k+1}=(-1)^{k+1}\end{aligned}$$

即等式对 $k+1$ 也成立.

(ii) 假定性质对于不大于 $l-1$ 时为真，那么对于 l 也成立，因为

$$\begin{aligned}&\frac{F_k}{F_{k-1}}-\frac{F_{k+l+1}}{F_{k+l}}=\frac{F_k(F_{k+l-1}+F_{k+l-2})-F_{k-1}(F_{k+l}+F_{k+l-1})}{F_{k-1}F_{k+l}}\\&=\frac{(F_kF_{k+l-1}-F_{k-1}F_{k+l})+(F_kF_{k+l-2}-F_{k-1}F_{k+l-1})}{F_{k-1}F_{k+l}}\\&=\frac{(-1)^kF_{l-1}+(-1)^kF_{l-2}}{F_{k-1}F_{k+l}}\\&=\frac{(-1)^kF_l}{F_{k-1}F_{k+l}}\end{aligned}$$

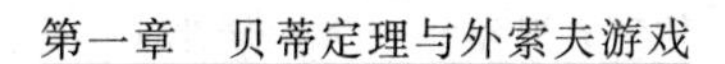

$$\left|\left(\frac{F_l}{F_{l-1}}-\frac{F_{k+1}}{F_k}\right)M\right|=\left|\left(\frac{F_l}{F_{l-1}}-\frac{F_{l+(k-l)+1}}{F_{l+(k-l)}}\right)M\right|$$
$$=\frac{F_{k-l}M}{F_{l-1}F_k}$$
$$\leqslant\frac{F_{k-1}F_l}{F_{l-1}F_k}$$

又当 $k>l$ 时，有

$$F_{k-l}F_l<F_k\text{①}$$

所以

$$\left|\frac{F_l}{F_{l-1}}M-\frac{F_{k+1}}{F_k}M\right|<\frac{1}{F_{l-1}},k>l \tag{58}$$

去掉绝对值符号，从式(58) 可以得到

$$\frac{F_{k+1}}{F_k}M<\frac{F_l}{F_{l-1}}M+\frac{1}{F_{l-1}}$$
$$=\left[\frac{F_l}{F_{l-1}}M\right]+S+\frac{1}{F_{l-1}}$$
$$\leqslant\left[\frac{F_l}{F_{l-1}}M\right]+\frac{F_{l-1}-1}{F_{l-1}}+\frac{1}{F_{l-1}}$$
$$=\left[\frac{F_l}{F_{l-1}}M\right]+1$$

及

$$\frac{F_{k+1}}{F_k}M>\frac{F_l}{F_{l-1}}M-\frac{1}{F_{l-1}}\geqslant\frac{F_l}{F_{l-1}}M-S=\left[\frac{F_l}{F_{l-1}}M\right]$$

即

$$\left[\frac{F_l}{F_{l-1}}M\right]<\frac{F_{k+1}}{F_k}M<\left[\frac{F_l}{F_{l-1}}M\right]+1$$

所以

---

① 这个不等式由下面的等式即可推得

$$F_k=F_lF_{k-l}+F_{l-1}F_{k-(l+1)}$$

我们对 l 用数学归纳法证明这个等式.

(i) 当 $l=1$ 时，等式为

$$F_k=F_{k-1}+F_{k-2}$$

即循环方程，显然是成立的.

(ii) 假定等式对于 $l-1$ 成立，则有

$$F_k=F_{l-1}F_{k-(l-1)}+F_{l-2}F_{k-l}=F_{l-1}(F_{k-l}+F_{k-(l+1)})+F_{l-2}F_{k-l}$$
$$=(F_{l-1}+F_{l-2})F_{k-l}+F_{l-1}F_{k-(l+1)}=F_lF_{k-l}+F_{l-1}F_{k-(l+1)}$$

即等式对 l 也成立.

$$\left[\frac{F_{k+1}}{F_k}M\right]=\left[\frac{F_l}{F_{l-1}}M\right],k>l \tag{59}$$

于是

$$\begin{aligned}\left[\frac{F_{k+1}}{F_k}(F_k+M)\right]&=F_{k+1}+\left[\frac{F_{k+1}}{F_k}M\right]\\&=F_{k+1}+\left[\frac{F_l}{F_{l-1}}M\right]\\&=F_{k+1}+f(M)\\&=f(F_k+M)\end{aligned}$$

这样式(57)获得全证.

另外,从上面的证明中可以看出,形如(58)的不等式,从而形如(59)的等式,只要 $k>l$,总是成立的.现在任取一个充分大的 $k>n$,就有

$$\left[\frac{F_n}{F_{n-1}}\mu\right]=\left[\frac{F_{k+1}}{F_k}\mu\right],k>n$$

所以

$$f(\mu)=\left[\frac{F_n}{F_{n-1}}\mu\right]=\left[\frac{F_{k+1}}{F_k}\mu\right],k>n$$

既然上式对任意大的 $k(k>n)$ 都成立,于是可用

$$\lim_{k\to\infty}\frac{F_{k+1}}{F_k}=\frac{1+\sqrt{5}}{2}$$

来代替等式 $f(\mu)=\left[\frac{F_{k+1}}{F_k}\mu\right]$ 中的比值 $\frac{F_{k+1}}{F_k}$,可得

$$f(\mu)=\left[\frac{1+\sqrt{5}}{2}\mu\right]$$

从而即有

$$f(2\mu)=[(1+\sqrt{5})\mu]$$

证明 $f(n)=\left[\frac{1+\sqrt{5}}{2}n\right],g(n)=\left[\frac{3+\sqrt{5}}{2}n\right]$ 就满足要求,其中 $[x]$ 为高斯函数.

为了验证方便,我们设

$$\frac{1+\sqrt{5}}{2}=\alpha,\ \frac{3+\sqrt{5}}{2}=\beta$$

则有

$$\left.\begin{array}{l}\beta=\alpha^2\\ \alpha^2-\alpha-1=0\end{array}\right\}\Rightarrow\beta=\alpha+1$$
$$\Rightarrow\beta n=n\alpha+n$$
$$\Rightarrow\{\beta n\}=\{\alpha n\}$$

($\{x\}$ 表示 x 的小数部分)故可设

$$\begin{cases}\alpha n=[\alpha n]+\theta_n\\ \beta n=[n\beta]+\theta_n\end{cases},0<\theta_n<1$$

于是

$$\alpha n+\beta n=[\alpha n]+[\beta n]+2\theta_n$$

又注意到

$$\alpha\beta=\alpha+\beta$$

故

$$\alpha\beta n=\alpha n+\beta n$$

又

$$\alpha\beta n=\alpha[\beta n]+\alpha\theta_n=[\alpha[\beta n]]+\theta'_n+\alpha\theta_n$$

这里 $0<\theta'_n<1$,有

$$f(g(n))=f(n)+g(n)$$
$$\Leftrightarrow[\alpha[\beta n]]=[\alpha n]+[\beta n]$$
$$\Leftrightarrow\Delta_n=(\theta'_n+\alpha\theta_n)-2\theta_n=0$$
$$\Leftrightarrow\Delta_n=(2-\alpha)\theta_n-\theta'_n=0$$

$$1<\alpha=\frac{1+\sqrt{5}}{2}<2\Rightarrow\begin{cases}0<2-\alpha<1\\ 0<\theta_n<1\end{cases}$$
$$\Rightarrow 0<(2-\alpha)\theta_n<1$$

$$\begin{cases}0<(2-\alpha)\theta_n<1\\ 0<\theta'_n<1\end{cases}\Rightarrow -1<(2-\alpha)\theta_n-\theta'_n<1$$

而

$$\Delta_n=[\alpha[\beta n]]-[\alpha n]-[\beta n]\in\mathbf{Z}$$

所以

$$\Delta_n=0$$

即 $[\alpha[\beta n]]=[\alpha n]+[\beta n]$.(证毕)

古语道:"学贵知疑,疑者,觉悟之机也."一个自然的问题又提出来了:为什么要在数学竞赛中反复地出现 $[n\alpha]$ 与 $[n\beta]$ 这两个函数呢?这两个函数又有何来历呢?

这得追溯到1907年外索夫研究并提出了一种现在以他的名字命名的游戏:

地上摆了两堆数量不同的石子,甲、乙两人轮流从其中拣起石子,每次可以从任何一堆中拣起任意多个石子,也可以从两堆中同时拣起一样多的石子.谁恰好拣起最后的石子,谁就赢.

1931年中国已故的数论大师闵嗣鹤先生在中国最早的一本中等数学杂志

《中国数学杂志》中证明了:如果两堆石子,一堆有$\left[\frac{1+\sqrt{5}}{2}n\right]$个石子,另一堆有$\left[\frac{3+\sqrt{5}}{2}n\right]$个石子,那么先拣者必输无疑;如果两堆不恰好有$[\alpha n]$和$[\beta n]$个石子,那么先拣者总有办法能赢.(详细证明可参见《数学竞赛5》,湖南教育出版社)

这样一个历史名题在数学竞赛中有所反映是很自然的,恰好在1978年举行的全苏联中学生数学竞赛中也出现了以外索夫游戏为背景的试题.

例6 有两堆火柴,一堆中有m根,另一堆中有n根,$m>n$,两个人轮流各从一堆中取火柴,每次从一堆中所取火柴的根数(异于0)是另一堆中火柴根数的倍数,能在一堆中取最后一根火柴的人就赢.

(1)证明:如果$m>2n$,那么第一个取火柴的人能保证自己赢.

(2)当α取何值时下列结论成立:如果$m>\alpha n$,那么先取火柴的人能保证自己赢.

由外索夫博弈的方法容易断定:当$\alpha\geqslant\frac{1+\sqrt{5}}{2}$时,先取者必胜.(详细证明可见《全苏数学奥林匹克试题》,山东教育出版社)

§10 围棋盘上的游戏

1986年倪进和朱明书在《智力游戏中的数学方法》(江苏教育出版社)中将其与围棋盘上的游戏结合起来.

图1是普通的围棋盘,它有$18\times18=324$(个)小的正方形格子,在右上顶处的格子里标有"▲"的符号代表山顶.游戏由A,B两人来玩:由A把一位"皇后"(以一枚棋子代表)放在棋盘的最下面一行或最左边一列的某个格子里,然后由B开始,两人对弈."皇后"只能向上、向右或向右上方斜着走,每次走的格数不限,但不得倒退,也不得停步不前;谁先把"皇后"走进标有"▲"的最右最上的那格就得胜.

显然,双方对弈下去绝不可能出现"和棋",在有限个回合后,必有一胜一负.

1.游戏的策略

为了扼要说明"制高点"的意义,不妨先考虑简化的问题,在8×8格的国际象棋盘上讨论"皇后登山"游戏,参见图2.

如果A把皇后走进图2中带阴影的格子,那么B就可一步把皇后走到山顶

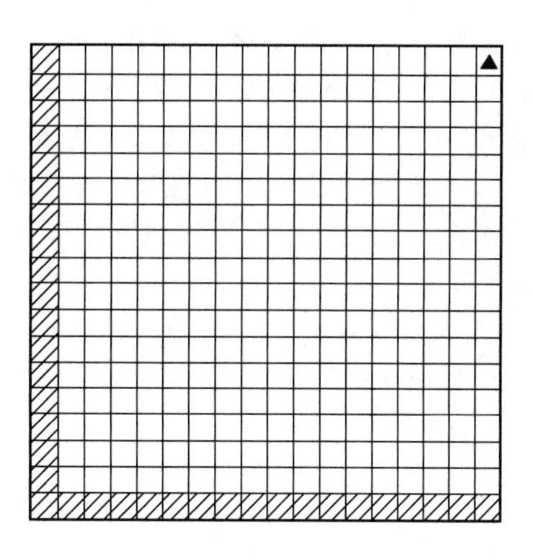

图 1

而获胜.因此,任何一方都应该避免把皇后走进有阴影的格子,而都应该迫使对方不得不把皇后走到带阴影的格子里去.

从图 2 中尚可看到,如果 B 能把皇后走进标号为 ① 或 ② 的格子,那么 A 只能把皇后走进有阴影的格子.由此我们可以明白,如果谁占领了标号为 ① 或 ② 的格子,只要以后走法得当,那么就必操胜券,所以标号为 ① 和 ② 这两个位置就像军事上的“制高点”.

那么,怎样才能占领标号为 ① 或 ② 的格子呢?请参看图 3.如果 A 把皇后走进有虚线的方格 ⋮ 或 ⋯ 或 ⋰ 里,那么 B 就能占领标号为 ① 或 ② 的格子,从而获胜.而 B 又怎样能迫使 A 不得不把皇后走进有虚线的方格呢?同样的分析方法,只要 B 能够占领第二对制高点 —— 标号为 ③ 或 ④ 的任一格.

继续运用上述分析方法(数学里称之为递推法),就可以最终得到围棋盘上的全部制高点,请参看图 4.

在图 4 中共有 12 个制高点,它们可分为 6 组:① 和 ②,③ 和 ④,⑤ 和 ⑥,⑦ 和 ⑧,⑨ 和 ⑩,⑪ 和 ⑫,每组里的两个制高点关于山顶是对称的.

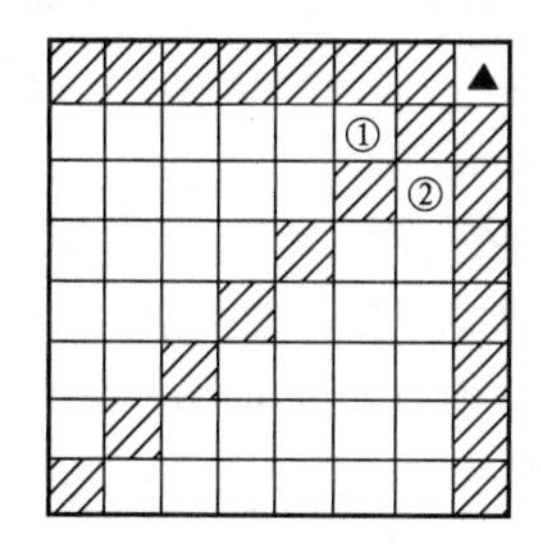

图 2

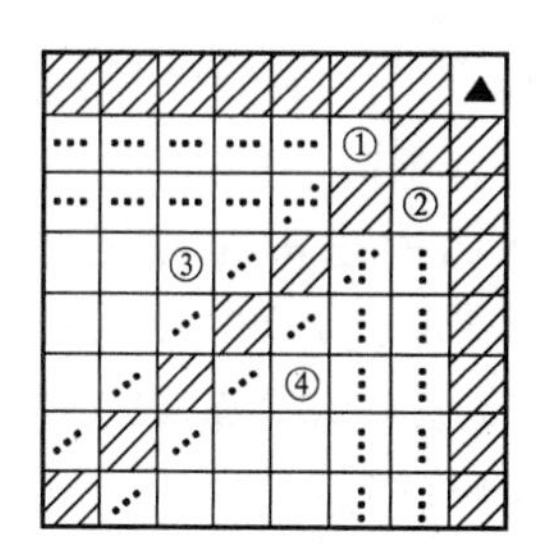

图 3

一旦制高点分布的秘密被参加游戏者掌握，按游戏的规则，B 就必胜无疑. 因为在最左一列和最下一行里都没有制高点，所以不论 A 把皇后如何放，B 第一步就可抢占到一个制高点(或者 B 第一步就直接到达▲)，往后 B 总能在每一步都抢占制高点，直到最后胜利. 但是，我们仍感“白璧有瑕”，是不是游戏者要携带一张图 4，一边对照着图一边弈棋. 参照图 4 的坐标记法，再根据对称性，只要记住六个制高点的坐标

$$A_1(1,2),\ A_2(3,5),\ A_3(4,7)$$
$$A_4(6,10),A_5(8,13),A_6(9,15)$$

这样，谁能先抢占这种位置，就可稳操胜券.

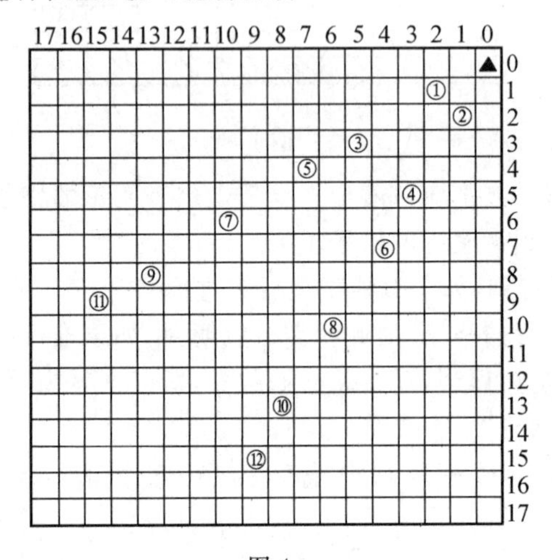

图 4

然而，蔑视辩证法是不能不受惩罚的. 当“皇后登山”游戏的秘密被揭开之时，游戏的末日也就来临了.

2. 数列与级数

前面我们粗略地考察了 18×18 格棋盘上的皇后登山问题，弄清共有 12 个制高点，由对称性，可以把它们归为 6 个不同的组，或者说只有 6 个本质不同的制高点. 用同样的方法，可知在 19×19 格棋盘上有 14 个制高点，而在对称意义下则只有 7 对. 现在读者自然会问：在 $30\times30,40\times40,\cdots,100\times100$(一般 $N\times N$) 格的棋盘上，制高点的分布有什么规律呢?

仿照前面已引进的坐标记法，把制高点按自然顺序排为(1,2)，(3,5)，(4,7)，(6,10)，(8,13)，(9,15)，(11,18)，…；对称性的意思在这里就是(1,2)与(2,1)，(3,5) 与(5,3) 等，都只需用其中的一个来代表即可，不必赘述.

亲爱的读者，您注意到图 4 上制高点分布的几何特征了吗?

除可看出①与②，③与④，⑤与⑥等皆关于棋盘对称以外，制高点的总体分布呈现出很强的直觉上的规律性，形状宛如“人”字形的两行飞雁，相交于山

顶“▲”.

倘若读者已感兴趣，请不辞辛劳，花点时间在更大的棋盘上把制高点画出来，例如 30×30，40×40. 说实在的，我们曾一直求至第 100 个制高点，希望能由此而获得发现的快乐，并以此作为报偿.

实际上我们并不是每次必须画出 $N\times N$ 格的棋盘，而是暂时脱离几何图形，转向数学分析的方法，把已经研究过的制高点列成一张表，并试图找寻某种规律，使之能把这张表扩充下去. 开始我们先把①，②，…，⑥ 这 6 个制高点的坐标 $A_1(1,2)$，$A_2(3,5)$，$A_3(4,7)$，$A_4(6,10)$，$A_5(8,13)$ 和 $A_6(9,15)$ 按照 $A_n(x_n, y_n)$ 的形式列进表 5 里去，并记

$$x_n=f(n),\ y_n=g(n)$$

哈！这下可发现了一个很明显的规律

$$g(n)=n+f(n) \tag{60}$$

表 5

n	1	2	3	4	5	6	7	8	9	10	11	12	13	14
$f(n)$	1	3	4	6	8	9	11	12	14	16	17	19	21	22
$g(n)$	2	5	7	10	13	15	18	20	23	26	28	31	34	36
n	15	16	17	18	19	20	21	22	23	24	25	26	27	28
$f(n)$	24	25	27	29	30	32	33	35	37	38	40	42	43	45
$g(n)$	39	41	44	47	49	52	54	57	60	62	65	68	70	73
n	29	30	31	32	33	34	35	36	37	38	39	40	41	42
$f(n)$	46	48	50	51	53	55	56	58	59	61	63	64	66	67
$g(n)$	75	78	81	83	86	89	91	94	96	99	102	104	107	109

这说明如果我们想确定第 n 个本质的制高点时，那么只需在 $f(n)$ 和 $g(n)$ 中确定一个即可. 例如倘若对于任给的正整数 n，能求出 $f(n)$，便完全解决了问题. 似乎到此我们已找到了解开谜题的关键. 但是，对于数学家来说，式(60) 是否关于任何正整数 n 都成立的问题必须用数学方法证明. 为了加强信念，我们可以先扩大表 5，再多求出一些制高点，在表中出现的有限多的情况都符合式(60). 后来，经证明，关系式(60) 确实是普遍成立的. 然而式(60) 只给出 n，$f(n)$，$g(n)$ 之间的一个关系，还不能解决从 n 求出 $f(n)$ 和 $g(n)$ 的问题. 后来的事实反过来说明，这后一个问题的求解是十分困难的.

3. **探索**

现在让我们一起来审视表 5：第一行是自然数序列；第二行是自然数序列的一个子序列，也即当 $n,m\in\mathbf{N}$，且 $n<m$ 时，必有 $f(n)<f(m)$，而 $\mathbf{N}$ 表示自

然数集合;第三行也具有第二行的类似性质,并且还有上节中的式(60),它说明表5里每个列中的n,$f(n)$,$g(n)$之间的关系,但是到现在为止的一些结果尚不足以完全解开谜题.

让我们再对数列$f(n)$和$g(n)$考察一番.1,3,4,6,8,9,…是一个严格递增的自然数序列,有些自然数未出现在其中.而那些所缺的自然数恰在表示$g(n)$的第三行中出现,也即表5里的第二行中所未出现的自然数恰好在第三行中按从小到大的顺序依次出现.这是一个新的重大发现,可以和关系式(60)相提并论.有了这些性质以后,就较为容易发现构造表5的递推法则:

假设我们已求得$f(1),f(2),\cdots,f(n)$和$g(1),g(2),\cdots,g(n)$,则集合

$$S_n=\{f(1),f(2),\cdots,f(n);g(1),g(2),\cdots,g(n)\}$$

便已确定.设T_n是S_n关于自然数集$\mathbf{N}$的余集,也即$T_n=N-S_n$,则$f(n+1)$即是T_n中最小的自然数

$$g(n+1)=n+1+f(n+1) \tag{61}$$

由式(60)和法则(61),据数学归纳法,只要写出表5的第一列,就可相继写出其他各列,而且在具体执行时(用手算)还用不着写出S_n和T_n,只需用到左边已经写出的各列.

4.思索

我们已经把谜底交给读者了,但是实际猜谜的过程因人而异,由不同的思路,循不同的线索,存在许多解法.例如,有人试图研究表5的第二行,想从数列$f(n)=\{1,3,4,6,8,9,11,12,14,16,17,\cdots\}$中找寻规律.从其中可看出的性质有:出现的自然数最多只有两个是紧接的(例如3,4;8,9;11,12;16,17;…),而缺少的自然数排列起来正是$g(n)$数列,希望能从中找出某种简单的规律性或某种形式的周期性.其中一定有规律是毫无疑问的,然而这个规律是不是很简单(可用简单公式表达出来)却不是能预料的.有人又想到在较大的棋盘上,把更多的制高点画上去,看看有什么几何特点,结果发现两排对称的制高点仍旧形如“人”字飞雁,而且对应于表5的一行飞雁(1,2),(3,5),(4,7),(6,10),…几乎都在一条直线附近(“这条直线的斜率等于多少?”是非常有趣的问题).

现在我们再回到表5,根据式(60)和法则(61),有了第一个本质制高点(1,2)后,便可完全决定表5.它在原则上可以无限地构造下去,所以表5本质上是一张无穷的表(无穷矩阵),根据这张表,任意的$N\times N$格棋盘上的皇后登山游戏问题便都解决了.至此,是否一切有关问题均已研究完毕呢?这却是一个可争议的问题.

5. 问题的变形

新中国成立的初期,《中国数学杂志》(即后来的《数学通报》)上刊登了我国数学界老前辈闵嗣鹤教授的《从拣石子得到的定理》一文.

该文从两人拣石子游戏谈起,饶有风趣地引入数论中一个定理的探讨及证明.题设有两堆石子,分别有 m,n 粒石子,A,B 两人依次轮流取石子;每次至少取走一粒,规定可从任一堆石子中取走任何多少粒,若同时在两堆中取石子,则必须每堆中被取走的粒数相同(取出的石子不再放回去),谁先把石子取光就算得胜.论文的中心课题是:这种游戏有没有取胜秘诀(设 $m,n \geqslant 1$).

乍一看,A 在两堆石子 $\{m,n\}$ 中取有很多取法,例如 A 可以取成 $\{0,n\}$,$\{m,0\}$,$\{a,b\}$,而 $0 \leqslant a=m-x<m$,$0 \leqslant b=n-x<n$,等等.把 A 取石子后所成的新的两堆石子记为 $\{m_1,n_1\}$(当 m_1 和 n_1 中有 0 时,实际上不是两堆石子),然后由 B 来取;这样轮流下去,直到决出胜败,不可能有"和棋"的情况.每一方都不知道对方将会怎样取石子,只能决定自己怎样取,这种拣石子游戏有必胜法吗?

我们建议大家再一次运用美国数学家 G. 波利亚(G. Pólya) 在《怎样解题》(*How to solve it*) 一书中反复告诫的方法"倒着干".如果 A 被逼得只能把石子取成 $\{0,n_k\}$,$\{n_k,0\}$ 或 $\{n_k,n_k\}$ 形式($n_k \geqslant 1$),那么 B 就可必胜.对于一般形式 $\{m,n\}$ 表示的两堆石子,以后我们总可假设 $m \leqslant n$ 并且记为 (m,n).通过不多几次的试探,很快可以发现,谁能把两堆石子取成 $(1,2)$,$(3,5)$,$(4,7)$,$(6,10)$,… 就能有必胜之法.

啊,原来闵先生的"拣石子游戏"与"皇后登山"是貌异实同的,用数学行话来说,它们本质上是"同构的".

读者还可把这种游戏改头换面化妆成另外的游戏:首先,由 A 在 $2 \times N$ 格的棋盘上任意放两位皇后 Q_1 和 Q_2,如图 5 所示.

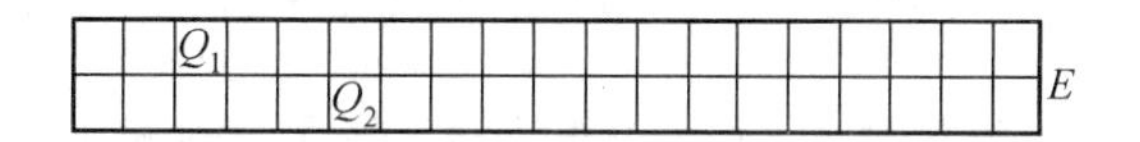

图 5

然后,由 B 开始先走棋,如果走一个皇后,那么可把任一皇后向右(向 E 方向) 走任意多少格;如果同时走两个皇后,那么必须向右同时走相同的格子;不得不走棋,也不可倒走;这样轮流走棋,直至谁先把两个皇后都走到终点 E(而另一方无棋可走时),即获胜.

图 5 中 $N=19$ 不是本质的,而 Q_1 和 Q_2 至 E 的空格数目 16 和 13 却是决定这一盘游戏的关键,可记为 $(13,16)$.它不是"制高点",所以 A 这样放 Q_1 和 Q_2 是一个失着.B 如掌握秘诀,他就应把棋走成 $(8,13)$ 或 $(4,7)$,往后只要不犯错

误,便必可取胜.

这些面目不同的游戏,在数学家看来,实质上只是一个游戏.它们由表 5 和式(60)及法则(61)完整地解决了.

现在我们列出闵嗣鹤教授用初等方法推得的结果:对于任意给定的自然数 n,直接计算 $f(n)$ 的公式如下

$$f(n)=\left[\frac{1+\sqrt{5}}{2}n\right] \tag{62}$$

其中 $[x]$ 是指不超过 x 的最大整数;再与式(60)联合,即可计算 $g(n)$.

§11 两道《美国数学月刊》征解题

1982 年,北京大学马希文教授曾在《中学生数学》(北京师范大学数学院办)中向中学生介绍了几个有趣的自然数函数.其中他举了如下例子

$$f(n)=\begin{cases}1\\ \text{不存在 } f(1),\cdots,f(n-1),g(1),\cdots,g(n-1) \text{ 中}\\ \text{出现的最小正整数}\end{cases}$$

$$g(n)=f(n)+n$$

即要计算 $f(n)$ 必须先计算

$$f(1),\cdots,f(n-1);g(1),\cdots,g(n-1)$$

马希文教授指出:这两个函数是从研究外索夫博弈中得来的,其实 $f(n)$,$g(n)$ 就是 $[\alpha n]$,$[\beta n]$,其中 $\alpha=\frac{1+\sqrt{5}}{2}$,$\beta=\frac{3+\sqrt{5}}{2}$.关于 $f(n)$ 和 $g(n)$ 这两个不同定义的等价性,早在 1952 年《美国数学月刊》(*American Mathematical Monthly*)59 卷第一期中的第 4399 号征解问题中证明了,原题为:

试题 5 设 $f(n)$ 和 $g(n)$ 为由下列三个条件所确定的两个自然数列:

(1) $f(1)=1$.

(2) $g(n)=na-1-f(n)$,a 是一个大于 4 的整数.

(3) $f(n+1)$ 是与 $2n$ 个数:$f(1),f(2),\cdots,f(n);g(1),g(2),\cdots,g(n)$ 不同的最小自然数.

证明:存在常数 α 和 β,使得

$$f(n)=[\alpha n],g(n)=[\beta n]$$

证明 设 α,β 为 $x^2-ax+a=0$ 的根,因 $a>4$,故

$$\Delta = a^2 - 4a > 0$$

所以 $\alpha, \beta \in \mathbf{R}$，且取 $\alpha < \beta$，则由韦达定理有

$$\alpha + \beta = a, \alpha\beta = a \Rightarrow \frac{1}{\alpha} + \frac{1}{\beta} = 1, 1 < \alpha \leqslant 2, 2 \leqslant \beta$$

此外，α, β 必须都是无理数，因为假设有一个为有理数，那么可得 $\alpha, \beta \in \mathbf{Z}$，从而 $\alpha = 2, \beta = 2, a = 4$，与 $a > 4$ 矛盾.

下面我们来验证这样的 α, β 满足三个条件：

(1) 因 $1 < \alpha < 2$，显然 $[\alpha \times 1] = 1$.

(2) 对于 $n \geqslant 1$，注意到 $a \in \mathbf{Z}$，则

$$\begin{aligned} g(n) = [\beta n] &= [(a - \alpha)n] \\ &= na - 1 - [\alpha n] \\ &= na - 1 - f(n) \end{aligned}$$

(3)① 先验证 $\{[\alpha n]\} \cap \{[\beta n]\} = \varnothing$.

假设 $[\alpha n] = [\beta m] = k$，其中 $m, n \in \mathbf{N}$，则

$$\alpha n = k + \theta$$

$$\beta m = k + \varphi$$

其中，$0 < \theta < 1, 0 < \varphi < 1$，并且有

$$n + m = k\left(\frac{1}{\alpha} + \frac{1}{\beta}\right) + \frac{\theta}{\alpha} + \frac{\varphi}{\beta} = k + \frac{\theta}{\alpha} + \frac{\varphi}{\beta}$$

因为

$$0 < \frac{\theta}{\alpha} + \frac{\varphi}{\beta} < \frac{1}{\alpha} + \frac{1}{\beta} = 1$$

所以

$$\alpha\theta + \beta\varphi \notin \mathbf{Z}$$

这与 $n + m \in \mathbf{Z}$ 矛盾. 因此对任何 $m, n \in \mathbf{N}$，都有 $[\alpha n] \neq [\beta m]$.

② 再验证 $f(n), g(n)$ 都是严格增函数，且

$$\begin{aligned} g(n) > f(n)\,[\alpha(n+1)] &= [\alpha n + \alpha] \\ &\geqslant [\alpha n] + [\alpha] = [\alpha n] + 1 \end{aligned}$$

$$[\beta(n+1)] \geqslant [\beta n] + [\beta] = [\beta n] + 2[\alpha n] + 1$$

③ 对每一个 $k \in \mathbf{N}$，则 k 不在 $\{f(n)\}$ 中出现就在 $\{g(n)\}$ 中出现，设 $n = \left[\frac{k+1}{\alpha}\right]$：

如果 $n > \frac{k}{\alpha}$，那么

$$k < \alpha n < \frac{\alpha(k+1)}{\alpha} = k + 1 \Rightarrow [\alpha n] = k$$

如果 $n < \frac{k}{\alpha}$,那么

$$\begin{cases}\beta(k-n) > \beta k - \frac{\beta}{\alpha}k = \beta k(1-\frac{1}{\alpha}) = k \\ \beta(k-n) < \beta k - \beta(\frac{k+1}{\alpha}-1) = k+1\end{cases}$$

$$\Rightarrow [\beta(k-n)] = k$$

由情况 ①②③ 可知:

$[\alpha(n+1)]$=异于$[\alpha 1]$,$[\alpha 2]$,…,$[\alpha n]$;$[\beta 1]$,$[\beta 2]$,…,$[\beta n]$的最小自然数.故条件(1)(2)(3)恰是 $f(n)$,$g(n)$ 的定义,由 α,β 的选取知这样的序列是唯一的,故 $f(n)=[\alpha n]$,$g(n)=[\beta n]$.(证毕)

其实从严格的意义上讲这个征解问题也并不是一个新题.如前所述,因为早在1926年加拿大多伦多大学的S.贝蒂在同一刊物的第33期中就曾提出并证明了如下的问题(编号为3177):

试题6 如果 z 是一个正无理数,而 $\overline{y}$ 是它的倒数,证明:在每一对相邻的正整数间,序列

$$(1+z),2(1+z),3(1+z),\cdots$$
$$(1+\overline{y}),2(1+\overline{y}),3(1+\overline{y}),\cdots$$

被且只被包含一个.

要证明试题6必须先证明如下的:

引理3 设 $x=\frac{p}{q}$,$y=\frac{q}{p}$,其中 p,q 是正整数,$p<q$,$(p,q)=1$,而$[x]$是高斯函数,则序列

$$a_1,a_2,\cdots,a_{q-1},a_i=i(1+x)$$
$$b_1,b_2,\cdots,b_{p-1},b_j=j(1+y)$$

具有以下性质:对应的序列$\{[a_i]\}\{[b_i]\}$是整数 $1,2,\cdots,p+q-2$ 无重复或遗漏的某种排列.

证明 我们首先分析一下什么样的数在$\{[a_i]\}$中被遗漏

$$a_m = m(1+x) = m+\frac{mp}{q} = m+k+\frac{r}{q}$$

$$\begin{aligned}a_{m-1} &= (m-1)(1+x) \\ &= m-1+k+\frac{(m-1)p}{q} \\ &= m-1+k+\frac{r-p}{q}\end{aligned}$$

其中,k,r 满足 $mp=kq+r$,$r<g$.

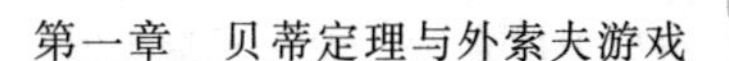

因此，当 $r<p$ 时，$[a_m]=m+k$，$[a_{m-1}]=m+k-2$，故 $m+k-1$ 被遗漏.

下面我们证明：当 $m+k-1$ 被遗漏时，它恰好出现在 $\{[b_j]\}$ 中. 因为当 $r<p$ 时，有

$$b_k=k+\frac{kq}{p}=k+\frac{mp-r}{p}=m+k-\frac{r}{p}$$

故

$$[b_k]=m+k-1$$

我们将所有在 $\{[a_i]\}$ 中漏掉的数用上面的办法找回来

$$m_1p=q+r_1$$

$$m_2p=2q+r_2$$

$$\vdots$$

$$m_kp=kq+r_k,1\leqslant r_k<p<q,k\leqslant p-1$$

很显然

$$m_1\geqslant 2$$

且

$$m_k\geqslant m_{k-1}+1$$

所以在 $\{[a_i]\}$ 中被漏掉的数为

$$m_1,m_2+1,m_3+2,\cdots,m_{p-1}+p-2$$

而这些数都刚好出现在 $\{[b_j]\}$ 中.（引理 3 证毕）

试题 6 的证明　如果 z 是一个无理数，$0<z<1$，$\bar{y}=\frac{1}{z}$，那么由有理数对无理数的逼近定理知

$$z-\frac{p}{q}=\varepsilon_1=\frac{\theta_1}{q^2}$$

$$y'-\frac{q}{p}=\varepsilon_2=\frac{\theta_2}{p^2}$$

其中 $|\theta_i|<1(i=1,2)$. 故我们可以构造一个新的序列，令

$$z'=z-\varepsilon_1$$

$$y'=\bar{y}-\varepsilon_2$$

则

$$z'=\frac{p}{q},y'=\frac{q}{p}$$

得到新序列如下

$$\{[i(1+z')]\},1\leqslant i\leqslant q-1$$

$$\{[j(1+\overline{y'})]\},1\leqslant j\leqslant p-1$$

由引理 3 知是依某种顺序取遍整数 $1,2,\cdots,p+q-2$，因为

$$|i\varepsilon_1|<\frac{1}{q}$$

$$|j\varepsilon_2|<\frac{1}{p}$$

按收敛的$\frac{p}{q}$阶的增加,我们能无限地增大 p 和 q,因此这些序列趋于问题中的序列.(证毕)

贝蒂的证明很巧妙,它先证明了一个易于处理的有理数问题,然后通过有理数对无理数的逼近定理过渡到无理数的情形.

后来由 Oxterowski 和 Aitken Solution 在第 34 卷《美国数学月刊》159 页给出了一个简单的证明.

正是由于有了这样一个漂亮的初等证明,使得贝蒂定理成为 1959 年 11 月 21 日举行的第 20 届美国普特南数学竞赛试题 B－6.

后来这一问题引起了许多人的兴趣,此类文章陆续出现在一些数学杂志上,如 1962 年 H. 格罗斯曼(H. Grossman) 在《美国数学月刊》532 页上发表了《一个包括所有整数的集合》的有趣文章,1976 年 S. W. 高勒姆(S. W. Golomb) 在《数学杂志》第 49 期的187 页 上以《销售税》为题再次讨论了这个问题. 1952 年苏联著名数论大师伊万・马特维耶维奇・维诺格拉多夫院士出版了他的《数论基础》,在书中维氏罗列了大量的习题,正如华罗庚教授在为其中译本所写的序中所指出的那样:“这些问题大部分都是有根据,有源流的,很多是历史上的著名问题.”其中第二章的问题 3 即为贝蒂定理的另一种形式:

试题 7 设 α,β 是这样的正数,使得下面的数

$$[\alpha x]:x=1,2,\cdots$$

$$[\beta y]:y=1,2,\cdots$$

共同组成全部自然数列而且没有重复的. 证明:这事实在而且只在 α 是无理数并且$\frac{1}{\alpha}+\frac{1}{\beta}=1$ 时才成立.

§12 贝蒂定理与两道竞赛题

贝蒂定理作为一个初等数论定理确实是既精巧别致,又有源流,所以在竞赛中经常会被用到,下面的试题是第 28 届 IMO 预选题:

试题 8 求出方程 $[n\sqrt{2}]=[2+m\sqrt{2}]$ 的所有整数解. 其中 $[x]$ 为高斯函数.

解　设 $m\in\mathbf{N},n\in\mathbf{N}$，则显然有 $n>m$，且

$$[(m+3)\sqrt{2}]=[m\sqrt{2}+3\sqrt{2}]>[m\sqrt{2}]+4$$

所以

$$n=m+1$$

或

$$n=m+2$$

在贝蒂定理中取 $\alpha=\sqrt{2},\beta=2+\sqrt{2}$，则

$$\frac{1}{\alpha}+\frac{1}{\beta}=1$$

故 $\{[m\sqrt{2}]\}$ 和 $\{[(2+\sqrt{2})h]\}$ 为互补序列.

① 若 $n=m+1$，因

$$2>[(m+1)\sqrt{2}]-[m\sqrt{2}]>1$$

故 $[m\sqrt{2}]$ 与 $[(m+1)\sqrt{2}]$ 之间含且仅含一个整数. 由贝蒂定理知一定为 $[(2+\sqrt{2})h]$ 型，即

$$m\sqrt{2}<(2+\sqrt{2})h<(m+1)\sqrt{2}$$
$$\Rightarrow m<(\sqrt{2}+1)h<m+1$$

即

$$m=[(\sqrt{2}+1)h]$$

② 若 $n=m+2$，则

$$[(m+2)\sqrt{2}]=[m\sqrt{2}]+2$$

故 $[m\sqrt{2}]$ 与 $[(m+2)\sqrt{2}]$ 间一定含有一个整数，因为

$$[m\sqrt{2}]<[(m+1)\sqrt{2}]<[(m+2)\sqrt{2}]$$

所以 $[m\sqrt{2}]$，$[(m+1)\sqrt{2}]$，$[(m+2)\sqrt{2}]$ 是三个连续整数，又由于

$$\begin{aligned}3&<[(2+\sqrt{2})(h+1)]-[(2+\sqrt{2})h]\\&\leqslant[2+\sqrt{2}+1]\\&=4\end{aligned}$$

所以 $[m\sqrt{2}]$ 前面的整数为 $[(2+\sqrt{2})h]$，$[n\sqrt{2}]$ 后面的整数为 $[(2+\sqrt{2})(h+1)]$，并且 $[(2+\sqrt{2})h]$ 前面的整数是 $[(m-1)\sqrt{2}]$，从而

$$\begin{aligned}&(m-1)\sqrt{2}<(2+\sqrt{2})h<m\sqrt{2}\\&<(m+2)\sqrt{2}<(2+\sqrt{2})(h+1)\\&\Rightarrow(m-1)<(1+\sqrt{2})h<m<m+2<(1+\sqrt{2})(h+1)\end{aligned}$$

故 $m=\left[(1+\sqrt{2})h\right]+1$.(解毕)

最为有趣的是H. W. 戈劳德(H. W. Gould)还将贝蒂定理与著名的斐波那契数列联系起来.他在很有名的《斐波那契季刊》(*Fibonacci Quarterly* 3)中发表了《非斐波那契数》(*Non-Fibonacci Numbers*).从中我们得到这样的启示:能不能用斐波那契数列证明那些原来用贝蒂定理的竞赛试题呢?应该是能的!我们以试题6为例.

其实试题6原来只是要求 $f(240)$,但由于最早将它介绍到我国来的1978年8月19日的《参考消息》印刷有误,所以才变成为 $f(2n)$.现在我们来求 $f(240)$.

解 设 $\{f_i\}$ 为斐波那契数列,令 $b_i=f_{i+1}$,则

$$b_0=1,b_1=2,b_3=3,b_4=5,\cdots$$

从而每一个 $n\in\mathbf{N}$,都可唯一表示为

$$n=a_kb_k+a_{k-1}b_{k-1}+\cdots+a_0b_0$$

这里 $a_i\in\{0,1\}(i=0,\cdots,n)$,且没有两个相邻的 a_i 都等于1.我们称 $(a_ka_{k-1}\cdots a_0)$ 为 n 在斐波那契基下的表示,记为

$$n=(a_ka_{k-1}\cdots a_0)_f$$

例如

$$1=(1)_f,2=(10)_f,3=(100)_f,4=(101)_f$$

$$5=(1\ 000)_f,6=(1\ 001)_f,7=(1\ 010)_f,\cdots$$

我们定义一个函数 $\mu(n)$,它表示 n 在斐波那契基下尾部为0的个数.令

$$N_1=\{n\mid\mu(n)\equiv0(\bmod 2)\}$$

$$N_2=\{n\mid\mu(n)\equiv1(\bmod 2)\}$$

则

$$N=N_1\cup N_2$$

且

$$N_1\cap N_2=\varnothing$$

并记 $f(n)$ 为 N_1 中的第 n 个元素,$g(n)$ 为 N_2 中的第 n 个元素.

下面我们给出一种在斐波那契基下计算 $f(n)$ 的方法:我们规定 $f(n)$ 的值如下

$$\begin{aligned}f(n)&=f((a_ka_{k-1}\cdots a_0)_f)\\&=\begin{cases}(a_ka_{k-1}\cdots a_00)_f-1,\mu(n)\equiv1(\bmod 2)\\(a_ka_{k-1}\cdots a_00)_f,\mu(n)\equiv0(\bmod 2)\end{cases}\end{aligned}$$

容易计算

$$f(1)=f((1)_f)=(10)_f-1=2-1=1$$

$$f(2)=f((10)_f)=(100)_f=3$$

$$f(3)=f((100)_f)=(1\ 000)_f-1=5-1=4$$

$$\vdots$$

$$\begin{aligned}f(240)&=f((100\ 000\ 001\ 010)_f)\\&=(100\ 000\ 010\ 100)_f\\&=377+8+3\\&=388\end{aligned}$$

以下只需证明：$f(n)$，$g(n)$ 满足条件

$$g(n)=f(f(n))+1$$

对每一个

$$f(n)=(C_kC_{k-1}\cdots C_0)f$$

$$\mu(f(n))\equiv 0(\bmod 2)$$

$$f(f(n))=(C_kC_{k-1}\cdots C_0 0)_f-1$$

则

$$f(f(n))+1=(C_kC_{k-1}\cdots C_0 0)_f$$

从而

$$\mu(f(f(n)))\equiv 1(\bmod 2)$$

故 $f(f(n))+1\in N_2$，且恰好为 $g(n)$.

§13　互补序列的进一步研究及其在数学竞赛中的应用

1954 年夏天，《美国数学月刊》发表了两位加拿大数学家拉姆贝克和莫斯尔对互补序列的进一步研究，他们首次将互补序列与互逆序列建立起了关系.

若对一个函数 $f(x)$ 来讲，如果有一个函数 f^* 使得 $f^*(f(x))=x$，那么称 f^* 为 f 的逆函数. 如果还有 $f(f^*(x))=x$，那么 f 与 f^* 称为互逆函数. 如果两个序列分别以两个互逆的函数 f 与 f^* 为其通项，那么这两个序列 $\{f(n)\}$ 与 $\{f^*(n)\}$ 称为互逆序列.

拉姆贝克和莫斯尔研究了一类特殊的互逆序列，其通项是由如下可互逆函数定义的.

定义　$f(x)$ 是一个在 $x\geqslant 0$ 上严格递增的函数，$f^*(y)=\max\{x\geqslant 0\mid f(x)\leqslant y\}$.

容易证明如此定义的 f 与 f^* 是互逆的，即有 $f^*(f(x))=x$.

设 $f(x_d)=n$，现在 $f^*(n)=$使得 $f(x)\leqslant n$ 的最大的 x，亦即使得 $f(x)\leqslant f(x_d)$ 的最大的 x，显然 x_0 是满足这个不等式的一个值，因为 f 是严格递增的，

所以 x_0 就是最大的这样的 x，于是

$$f^*(n)=f^*(f(x_0))=x_0$$

对任意 x_0 都成立.

拉姆贝克与莫斯尔证明了如下的定理：

定理 8 设 $F(n)=f(n)+n,G(n)=g(n)+n$，则 $\{F(n)\},\{G(n)\}$ 为互补序列的充要条件是 $\{f(n)\}$ 与 $\{g(n)\}$ 为互补序列，即 $f^*(n)=g(n),g^*(n)=f(n)$.

令人惊奇的是在其他的数学分支中也有类似的结论. 例如，1958 年苏联沃罗涅日国立大学的克拉斯诺谢勒斯基对所谓的 N 函数也证明了类似的结论.

函数 f 称为 N 函数，如果它能表示为形式

$$f(u)=\int_0^{|u|}p(t)\,\mathrm{d}t$$

其中函数 p 对 $t\geqslant 0$ 是右连续的，对 $t>0$ 是正的和非减的，并且满足

$$p(0)=0$$

$$\lim_{t\to+0}p(t)=+\infty$$

设 p 是上述定义的函数，对 $s\geqslant 0$，定义函数 q 为

$$q(s)=\sup_{p(t)\leqslant s}t$$

（实际上 $q(s)$ 为 p 的逆函数），则函数 $f(u)=\int_0^{|u|}p(t)\mathrm{d}t$ 和 $g(v)=\int_0^{|v|}q(s)\mathrm{d}s$ 为互补函数.

拉姆贝克和莫斯尔定理（简称 L－M 定理）的提出为数学竞赛注入了新的活力，它从两个方面开拓了命题的新方向：

一是逆序列的概念及性质开始出现在数学竞赛的试题中. 例如，第 26 届 IMO 预选题中有一题为：

试题 9 定义自然数集 $\mathbf{N}\to\mathbf{N}$ 的函数 f 为

$$f(n)=\left[\frac{3-\sqrt{5}}{2}n\right]$$

$$F(k)=\min\{n\in\mathbf{N}\mid f^k(n)>0\} \tag{63}$$

其中 $f^k=f\circ f\circ\cdots\circ f$ 为 f 复合 k 次. 证明

$$F(k+2)=3F(k+1)-F(k)$$

它的证明必须要用到可逆序列，先构造一个逆函数

$$G(m)=\min\{n\in\mathbf{N}\mid f(n)\geqslant m\}$$

事实上它等同于

$$f^*(m)=\max\{n\in\mathbf{N}\mid f(n)\leqslant m\}$$

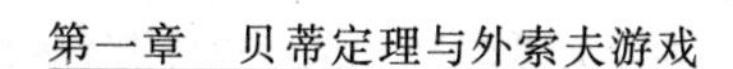

所以一定有

$$f(G(m))=m$$

且容易验证：$G(m)=3m-f(m)$.

并且利用式(63)可以证明

$$F(k+1)=G(F(k))$$

所以可得

$$\begin{aligned}F(k+2)&=G(F(k+1))\\&=3F(k+1)-f(F(k+1))\\&=3F(k+1)-f(G(F(k)))\\&=3F(k+1)-F(k)\end{aligned}$$

可以看出可逆函数 $G(m)$ 在解题中扮演了重要的角色.

二是互补序列和互逆序列的相互关系的应用. L－M 定理为我们提供了互补序列和互逆序列相互转化的方式，可分以下几种类型：

类型一　已知 $\{F(n)\}$，$\{G(n)\}$ 为互补序列，已给 $F(n)$ 的表达式，求 $G(n)$ 的表达式.

解　由 $F(n)=f(n)+n \Rightarrow f(n)=F(n)-n \Rightarrow f^*(n)=(F(n)-n)^* \Rightarrow G(n)=f^*(n)+n$. 公式为：$G(n)=(F(n)-n)^*+n$.

① 当 $F(n)=n^2$ 时，即为第 27 届普特南数学竞赛试题.

② 当 $F(n)=3n^2-2n$ 和 $\left[\frac{n^2+2n}{3}\right]$ 时，即为第 29 届 IMO 预选题.

类型二　证明：对于参数 u,v，存在互补序列.

这类问题是证明存在性的，往往可以构造出来. 如 1985 年第 26 届 IMO 预选题：

试题 10　对实数 x,y，令

$$S(x,y)=\{S \mid s=[nx+y],n\in \mathbf{N}\}$$

证明：若 $r>1$，$r\in \mathbf{Q}$，则存在 $u,v\in \mathbf{R}$，使

$$S(r,0)\cap S(u,v)=\varnothing$$

$$S(r,0)\cup S(u,v)=\mathbf{N}$$

证明　由于 $r\in \mathbf{Q}$，故可设 $r=\frac{p}{q}$，$p,q\in \mathbf{Z}$，且由 $r>1$ 知 $p>q$，故可选取

$$u=\frac{p}{p-q},v=-\frac{\varepsilon}{p-q}$$

其中 ε 是一个非零的充分小的正数(小到什么样子后面定). 由于

$$S(r,0)=[nr]=[n\frac{p}{q}]$$

$$=[n+\frac{p-q}{q}n]=n+[\frac{p-q}{q}n]$$

$$S(u,v)=[nu+v]$$

$$=[\frac{pn}{p-q}-\frac{\varepsilon}{p-q}]$$

$$=n+[\frac{nq-\varepsilon}{p-q}]$$

故由 L－M 定理可知：只需证明

$$f(n)=[\frac{p-q}{q}n],\ g(n)=[\frac{nq-\varepsilon}{p-q}]$$

是互逆序列，即

$$g(n)=f^{*}(n)$$

则

$$f^{*}(n)=\max\{m\mid[\frac{p-q}{q}m]<n\}$$

考察不等式

$$[\frac{p-q}{q}m]<n\Rightarrow(\frac{p-q}{q}m)<n$$

由实数的连续性可知，一定存在一个充分小的 $\varepsilon>0$，使得

$$\frac{\varepsilon}{q}+\frac{p-q}{q}m\leqslant n$$

ε 取不超过 $q(n+m)-pm$ 的实数，解上面的不等式可得

$$m\leqslant\frac{qn-\varepsilon}{p-q}\Rightarrow f^{*}(n)=\max m=[\frac{qn-\varepsilon}{p-q}]=g(n)$$

证毕.

4 年以后，在 1989 年捷克斯洛伐克数学奥林匹克中将上述预选题改编为如下试题：

试题 11 已知一对互素的正数 $p>q$，求所有的实数 c,d，使得集合

$$A=\{\left[\frac{np}{q}\right]\mid n\in\mathbf{N}\}$$

$$B=\{[cn+d]\mid n\in\mathbf{N}\}$$

满足 $A\cap B=\varnothing,A\cup B=\mathbf{N}$，这里 $\mathbf{N}$ 表示自然数集.

值得指出的是本题如不用 L－M 定理将会使证明变得非常复杂，并且得用

到极限的手段,这样的证明可见《国家数学奥林匹克,国家队员竞选试题》(邓宗琦等编,华中师范大学出版社).

L－M定理应用范围极广,由此可以编出许多数学竞赛试题,仅举两例:

试题 12　当 $F(n)=[e^m]$ 时,利用L－M定理可以证明第 n 个不是 $[e^m]$ 的形式的正整数是

$$G(n)=n+[\ln(n+1+[\ln(n+1)])]$$

这里 $m\geqslant 1$,e表示自然对数的底,ln为自然对数.

证明　显然可将 $F(n)$ 改写成

$$F(n)=n+[e^m-n]$$

故

$$f(n)=[e^m-n]$$

所以只需证

$$f^*(n)=[\ln(n+1+[\ln(n+1)])]$$

而这是容易的,但用其他办法却有一定的难度.

试题 13　当取 $F(n)=\frac{1}{2}n(n+1)$ 时,即 $F(n)$ 是一个三角形数时(是指若干个自1开始的相继整数之和),则第 n 个非三角形数为 $n+(\sqrt{2n})$. 其中,(x) 表示距离 x 最近的整数.

通过以上对竞赛中互补型序列的考察,我们可以得出这样的结论,只有那些背景深远的竞赛试题才能称为数学奥林匹克试题中的精品,只有这些精品才能引起人们持久的兴趣,只有这种持久的兴趣才使得数学奥林匹克事业长盛不衰.

定理 9　α,β 为两个正实数,对于所有正整数 n,已知 $[n\alpha]+[n\beta]=[n(\alpha+\beta)]$,求证:$\alpha,\beta$ 中至少有一个为正整数.这里 $[nx]$ $(x=\alpha,\beta$ 或 $\alpha+\beta)$ 表示不超过 nx 的最大整数.

证明　用反证法,设 α,β 都不是正整数.记

$$\begin{aligned}\alpha=[\alpha]+\alpha_1,0<\alpha_1<1\\ \beta=[\beta]+\beta_1,0<\beta_1<1\end{aligned}\tag{64}$$

那么,有

$$[n\alpha]+[n\beta]=(n[\alpha]+n[\beta])+([n\alpha_1]+[n\beta_1])$$

$$[n(\alpha+\beta)]=n([\alpha]+[\beta])+[n(\alpha_1+\beta_1)]\tag{65}$$

于是对于任意正整数 n,有

$$[n\alpha_1]+[n\beta_1]=[n(\alpha_1+\beta_1)]\tag{66}$$

我们首先证明 $\alpha_1+\beta_1<1$. 用反证法,如果 $\alpha_1+\beta_1\geqslant 1$,在式(66)中取 $n=1$,应有

$$[\alpha_1]+[\beta_1]=[\alpha_1+\beta_1]=1 \tag{67}$$

但从式(64)知道式(67)左边为零,矛盾.

对于任意正实数 x,记

$$\{x\}=x-[x] \tag{68}$$

在记号(68)下

$$\alpha_1=\{\alpha\},\beta_1=\{\beta\} \tag{69}$$

由于 $n\alpha_1+n\beta_1=n(\alpha_1+\beta_1)$,此等式减去式(66),再利用式(68),有

$$\{n\alpha_1\}+\{n\beta_1\}=\{n(\alpha_1+\beta_1)\} \tag{70}$$

我们知道,如果 $\alpha_1+\beta_1$ 是正有理数,那么存在正整数 p,q,使得

$$\alpha_1+\beta_1=\frac{p}{q} \tag{71}$$

那么

$$\begin{aligned}\{q(\alpha_1+\beta_1)\}&=q(\alpha_1+\beta_1)-[q(\alpha_1+\beta_1)]\\&=p-p=0\end{aligned} \tag{72}$$

当 $\alpha_1+\beta_1$ 是正无理数时,我们需要下述定理:

定理 10(有理数逼近实数定理) x 是一个正的无理数,那么一定存在两个单调递增的正整数数列

$$\{p_n\mid n\in\mathbf{N}\},\{q_n\mid n\in\mathbf{N}\}$$

满足

$$\left|x-\frac{p_n}{q_n}\right|<\frac{1}{q_n^2}$$

证明 用 a_0 表示 x 的整数部分,即

$$a_0=[x]$$

令

$$\frac{1}{x_1}=x-a_0 \tag{73}$$

x_1 也是一个正无理数,而且大于 1. 取正整数 $a_1=[x_1]$,再令

$$\frac{1}{x_2}=x_1-a_1 \tag{74}$$

如此继续下去,对于 $j=2,3,\cdots,n$,令

$$\frac{1}{x_{j+1}}=x_j-a_j$$

这里 $a_j=[x_j]$ 都是正整数,$x_2,x_3,\cdots,x_{n+1}$ 全是大于 1 的正无理数.

这样,我们就得到一个分数表示式

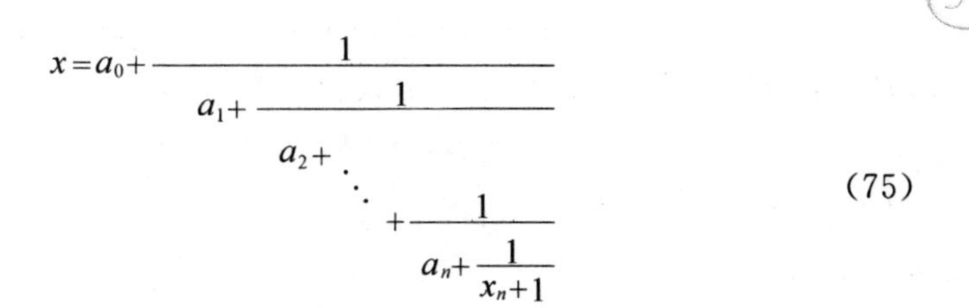

$$x=a_0+\cfrac{1}{a_1+\cfrac{1}{a_2+\ddots+\cfrac{1}{a_n+\cfrac{1}{x_n+1}}}} \tag{75}$$

式(75) 可简记为

$$x=[a_0,a_1,a_2,\cdots,a_n,x_{n+1}] \tag{76}$$

利用式(75) 与式(76) 的关系，我们有

$$[a_0]=\frac{a_0}{1}$$

$$[a_0,a_1]=a_0+\frac{1}{a_1}=\frac{a_0a_1+1}{a_1}$$

$$\begin{aligned}[a_0,a_1,a_2]&=a_0+\cfrac{1}{a_1+\cfrac{1}{a_2}}\\&=a_0+\frac{a_2}{a_1a_2+1}\\&=\frac{a_0a_1a_2+a_0+a_2}{a_1a_2+1}\end{aligned} \tag{77}$$

记

$$\begin{gathered}p_0=a_0,q_0=1,p_1=a_0a_1+1,q_1=a_1\\p_2=a_0a_1a_2+a_0+a_2=a_2p_1+p_0\\q_2=a_1a_2+1=a_2q_1+q_0\end{gathered} \tag{78}$$

那么，有

$$[a_0]=\frac{p_0}{q_0},[a_0,a_1]=\frac{p_1}{q_1},[a_0,a_1,a_2]=\frac{p_2}{q_2} \tag{79}$$

引入两列数(参考式(78))

$$p_n=a_np_{n-1}+p_{n-2},q_n=a_nq_{n-1}+q_{n-2} \tag{80}$$

这里正整数 $n\geqslant 2$，我们要证明

$$p_nq_{n-1}-p_{n-1}q_n=(-1)^{n-1},n\in\mathbf{N} \tag{81}$$

$$p_nq_{n-1}-p_{n-2}q_n=(-1)^na_n,n\geqslant 2,n\in\mathbf{N} \tag{82}$$

$$[a_0,a_1,\cdots,a_n]=\frac{p_n}{q_n},n\in\mathbf{N} \tag{83}$$

在这里，我们要申明，这里一切 $a_j(j=0,1,2,\cdots,n)$ 全是正实数，式(75) 是一个形式的定义，这样做的目的是便于式(83) 的证明.

　　对于式(81)，对 n 用归纳法. 当 $n=1$ 时，利用式(78)，有

$$p_1q_0-p_0q_1=(a_0a_1+1)-a_0a_1=1 \tag{84}$$

因此,当 $n=1$ 时,式(81) 成立.假设当 $n=k$ 时,有

$$p_kq_{k-1}-p_{k-1}q_k=(-1)^{k-1} \tag{85}$$

则当 $n=k+1$ 时,有

$$\begin{aligned} &p_{k+1}q_k-p_kq_{k+1}\\ =&(a_{k+1}p_k+p_{k-1})q_k-p_k(a_{k+1}q_k+q_{k-1}) \quad (\text{利用式(80)})\\ =&p_{k-1}q_k-p_kq_{k-1}\\ =&(-1)^k \end{aligned} \tag{86}$$

因此式(81) 成立.现对式(82),用式(81) 的结果,很容易得到

$$\begin{aligned} &p_nq_{n-2}-p_{n-2}q_n\\ =&(a_np_{n-1}+p_{n-2})q_{n-2}-p_{n-2}(a_nq_{n-1}+q_{n-2}) \quad (\text{利用式(82)})\\ =&a_n(p_{n-1}q_{n-2}-p_{n-2}q_{n-1})\\ =&a_n(-1)^{n-2} \quad (\text{利用式(81)})\\ =&(-1)^na_n \end{aligned} \tag{87}$$

这样式(82) 也得到了.现在证明式(83),对 n 用数学归纳法,奠基工作,式(79) 已经做了.假设当 $n=m$ 时,有

$$[a_0,a_1,\cdots,a_m]=\frac{p_m}{q_m} \tag{88}$$

这里

$$p_m=a_mp_{m-1}+p_{m-2},q_m=a_mq_{m-1}+q_{m-2} \quad (\text{利用式(80)})$$

则当 $n=m+1$ 时,从式(85) 和式(76),有

$$\begin{aligned} &[a_0,a_1,\cdots,a_{m-1},a_m,a_{m+1}]\\ =&[a_0,a_1,\cdots,a_{m-1},a_m+\frac{1}{a_{m+1}}]\\ =&\frac{(a_m+\frac{1}{a_{m+1}})p_{m-1}+p_{m-2}}{(a_m+\frac{1}{a_{m+1}})q_{m-1}+q_{m-2}}\\ =&\frac{(a_mp_{m-1}+p_{m-2})+\frac{p_{m-1}}{a_{m+1}}}{(a_mq_{m-1}+q_{m-2})+\frac{q_{m-1}}{a_{m+1}}}\\ =&\frac{p_m+\frac{p_{m-1}}{a_{m+1}}}{q_m+\frac{q_{m-1}}{a_{m+1}}} \quad (\text{利用式(80)})\\ =&\frac{a_{m+1}p_m+p_{m-1}}{a_{m+1}q_m+q_{m-1}}=\frac{p_{m+1}}{q_{m+1}} \quad (\text{再一次利用式(80)}) \end{aligned}$$

(利用归纳法，在式(88)中，a_m 是任意一个正实数)式(81)成立.

现在我们来证明有理数逼近实数定理. $a_1, a_2, \cdots, a_n$ 全是正整数. 利用式(76)，有

$$x = [a_0, a_1, a_2, \cdots, a_n, x_{n+1}] = \frac{x_{n+1}p_n + p_{n-1}}{x_{n+1}q_n + q_{n-1}} \quad \text{(利用式(83))} \tag{89}$$

所以

$$x - \frac{p_n}{q_n} = \frac{x_{n+1}p_n + p_{n-1}}{x_{n+1}q_n + q_{n-1}} - \frac{p_n}{q_n} = \frac{p_{n-1}q_n - p_n q_{n-1}}{q_n(x_{n+1}q_n + q_{n-1})} = \frac{(-1)^n}{q_n(x_{n+1}q_n + q_{n-1})} \quad \text{(利用式(81))} \tag{90}$$

由于 a_0 是非负整数，$a_1, a_2, \cdots, a_n$ 都是正整数，从式(78)和(80)可以知道 $p_j, q_j (j \in \mathbf{N})$ 都是正整数，而且满足

$$p_0 < p_1 \leqslant p_2 \quad \text{(当 } a_0 = 0, a_2 = 1 \text{ 时取等号)} < p_3 < \cdots < p_n < \cdots$$
$$q_1 < q_2 < q_3 < \cdots < q_n < \cdots \tag{91}$$

显然

$$p_n \geqslant n - 1, q_n \geqslant n$$

利用式(90)，两端取绝对值，有

$$\left| x - \frac{p_n}{q_n} \right| = \frac{1}{q_n(x_{n+1}q_n + q_{n-1})} < \frac{1}{q_n^2} \quad (n \in \mathbf{N}) \tag{92}$$

这里利用了 $x_{n+1} > 1, q_{n-1} > 0$.

有了以上的定理，我们回到贝蒂定理的证明上来，当 $\alpha_1 + \beta_1$ 是正无理数时，令 $x = \alpha_1 + \beta_1$. 在式(90)中取 $n = 2k (k \in \mathbf{N})$，两端乘以正整数 q_n，有

$$0 < (\alpha_1 + \beta_1)q_{2k} - p_{2k} = \frac{1}{x_{2k+1}q_{2k} + q_{2k-1}} < \frac{1}{q_{2k}} \tag{93}$$

从式(93)，有

$$p_{2k} < (\alpha_1 + \beta_1)q_{2k} < p_{2k} + \frac{1}{q_{2k}} \tag{94}$$

上式表明对于正实数 ε，这里 $\varepsilon < \min(\alpha_1, \beta_1) < 1$，一定有正整数 q_{2k} 存在，使得

$$\{q_{2k}(\alpha_1 + \beta_1)\} < \varepsilon \tag{95}$$

实际上只要取正整数 k 满足 $\frac{1}{2k} < \varepsilon$ 即可.

从式(70)和式(95),有

$$\{q_{2k}\alpha_1\}<\varepsilon,\ \{q_{2k}\beta_1\}<\varepsilon \tag{96}$$

而

$$\begin{aligned}&(q_{2k}-1)(\alpha_1+\beta_1)\\&=q_{2k}(\alpha_1+\beta_1)-(\alpha_1+\beta_1)\\&=[q_{2k}(\alpha_1+\beta_1)]+\{q_{2k}(\alpha_1+\beta_1)\}-(\alpha_1+\beta_1)\end{aligned} \tag{97}$$

从上面叙述,有

$$\{q_{2k}(\alpha_1+\beta_1)\}-(\alpha_1+\beta_1)<\varepsilon-(\alpha_1+\beta_1)<0 \tag{98}$$

于是

$$[(q_{2k}-1)(\alpha_1+\beta_1)]=[q_{2k}(\alpha_1+\beta_1)]-1 \tag{99}$$

另外

$$\begin{aligned}(q_{2k}-1)\alpha_1&=q_{2k}\alpha_1-\alpha_1\\&=[q_{2k}\alpha_1]+\{q_{2k}\alpha_1\}-\alpha_1\\&<[q_{2k}\alpha_1]\end{aligned} \tag{100}$$

(利用式(96)及 $\varepsilon<\alpha_1$),类似地有

$$(q_{2k}-1)\beta_1<[q_{2k}\beta_1] \tag{101}$$

则

$$\begin{aligned}&[(q_{2k}-1)\alpha_1]=[q_{2k}\alpha_1]-1\\&[(q_{2k}-1)\beta_1]=[q_{2k}\beta_1]-1\end{aligned} \tag{102}$$

由式(66),应当有

$$\begin{aligned}&[(q_{2k}-1)(\alpha_1+\beta_1)]\\&=[(q_{2k}-1)\alpha_1]+[(q_{2k}-1)\beta_1]\end{aligned} \tag{103}$$

但是从式(99)和式(102),知道式(103)不可能成立.矛盾.

当 $\alpha_1+\beta_1$ 是正有理数时,利用式(70)和(72),知道

$$\{q\alpha_1\}=0,\ \{q\beta_1\}=0$$

在上述证明中,取 $q_{2k}=q$,式(95)~(103)的叙述都仍然有效.因此,也推出矛盾.

当 α,β 中有一个是正整数时,题目等式当然对任意正整数 n 成立.

§14 贝蒂定理的两个变形

定理 11 归纳地定义数列 $\{a_n\},\{b_n\},\{c_n\}$ 如下:

(1) $a_1=1,b_1=2,c_1=4$.

(2) a_n 等于不在 $a_1,a_2,\cdots,a_{n-1},a_n;b_1,b_2,\cdots,b_{n-1};c_1,c_2,\cdots,c_{n-1}$ 中的最小

的正整数.

(3)b_n 等于不在 $a_1,a_2,\cdots,a_{n-1},a_n;b_1,b_2,\cdots,b_{n-1};c_1,c_2,\cdots,c_{n-1}$ 中的最小的正整数.

(4)$c_n=2b_n+n-a_n$.

证明

$$\frac{9-5\sqrt{3}}{3}<(1+\sqrt{3})n-b_n<\frac{4(3-\sqrt{3})}{3} \tag{104}$$

先证明两个引理.

引理 4　$c_{n+1}-c_n\geqslant 2$.

证明　对 n 使用数学归纳法:

① 当 $n=1$ 时直接计算知 $c_2-c_1=9-4>2$.

② 假定对一切 $n\leqslant k-1$,都有 $c_{n+1}-c_n\geqslant 2$. 当$n=k$ 时,有

$$\begin{aligned}c_{k+1}-c_k&=2b_{k+1}+k+1-a_{k+1}-2b_k-k+a_k\\&=2(b_{k+1}-b_k)+(a_k-a_{k+1})+1\end{aligned}$$

由$\{a_n\}$,$\{b_n\}$的定义方式,我们可以看出

$$a_1<b_1<a_2<b_2<\cdots<a_k<b_k<a_{k+1}<b_{k+1}<\cdots$$

注意到 $c_{k+1}>b_{k+1}$,于是利用归纳假设可知,在 a_k 和 b_k 之间,b_k 和 a_{k+1} 之间,a_{k+1} 和 b_{k+1} 之间至多有一个数列$\{a_n\}$中的项,从而

$$b_{k+1}-b_k\geqslant 2,a_{k+1}-a_k\leqslant 4$$

并且当$a_{k+1}-a_k=4$ 时,$b_{k+1}-b_k\geqslant 3$. 于是在 $a_{k+1}-a_k=4$ 时,有

$$2(b_{k+1}-b_k)+(a_k-a_{k+1})+1\geqslant 6-4+1=3>2$$

于是

$$c_{k+1}-c_k\geqslant 2$$

从而 $n=k$ 时命题成立. 引理 4 获证.

引理 5　$2\geqslant b_n-a_n\geqslant 1$.

证明　由引理 4 我们知道不存在两个连续的正整数,它们都是$\{c_n\}$中的项,从而引理 5 成立.

现在我们来证明式(104),对 n 使用数学归纳法.

① 当 $n=1,2,3$ 时,直接计算便知式(104) 成立.

② 假定对一切 $n\leqslant j-1$,式(104) 成立. 当 $n=j$ 时,不妨设 $c_n<b_j<c_{n+1}$,于是由 $b_j<c_j$ 可知

$$h\leqslant j-1$$

并且根据 b_n 的定义方式,我们有

$$b_j=2j+h \tag{105}$$

故由

$$\begin{aligned}b_j&\geqslant c_h+1=h+1+2b_h-a_h\\&=h+1+b_h+(b_h-a_h)\\&\geqslant h+2+b_h\\&>h+2+(1+\sqrt{3})h-\frac{4(3-\sqrt{3})}{3}\end{aligned}$$

及式(105)可知

$$h<(\sqrt{3}-1)j-\frac{9-5\sqrt{3}}{3}$$

从而

$$b_j=2j+h<(\sqrt{3}+1)j-\frac{9-5\sqrt{3}}{3} \tag{106}$$

又因为

$$\begin{aligned}b_j&\leqslant c_{h+1}-1\\&=h+2b_{h+1}-a_{h+1}\\&\leqslant h+(b_{h+1}-a_{h+1})+b_{h+1}\\&\leqslant h+2+b_{h+1}\\&<h+2+(h+1)(1+\sqrt{3})-\frac{9-5\sqrt{3}}{3}\end{aligned}$$

所以

$$h>(\sqrt{3}-1)j-\frac{4(3-\sqrt{3})}{3}$$

从而

$$b_j=2j+h>(\sqrt{3}+1)j-\frac{4(3-\sqrt{3})}{3} \tag{107}$$

综合式(106)(107)可知,当 $n=j$ 时式(104)也成立,从而式(104)得证.

以上证明由复旦大学数学系黄宣国教授给出.由于黄教授没有上过大学,直接以高中学历考上研究生,所以所写文字难免带有自学者的特殊痕迹——优点是详细,缺点是太详细.不过这正是目前的一些数学类图书所缺少的元素.

外索夫游戏及其推广

第二章

外索夫(Wythoff's)游戏是公平组合游戏中的重要组成部分. A. S. Fraenkel(1998)将外索夫游戏进行了扩展,定义了 a—外索夫游戏和扩展的外索夫游戏,简称 EW 游戏.

2014 年河北师范大学的赵艳艳硕士在刘文安教授的指导下研究了对 a—外索夫游戏和扩展的外索夫游戏进行某种形式的扩展或者限制后所得到的新游戏模型,如何确定其全部 P 位置,并研究模型之间 P 位置的保持性.

§1 历史及发展

"博弈论"(Game Theory),也称为游戏论、运动论、竞赛论和对策论,是研究决策者主体的行为发生,直接相互作用时如何决策和这种决策的均衡问题. 按照 2005 年对博弈论做出的巨大贡献而获得诺贝尔经济学奖的 Robert Aumann 教授的说法,博弈论就是研究互动决策的理论. 在博弈论分析中,由于它比较好地解决了对竞争等问题的可操作性分析,从而发展成了经济学中的一个研究领域,并以其鲜明的特性改变了经济学的传统研究. 它是以数学为基础,研究理性决策者之间冲突与合作的理论.

博弈论思想源远流长,早在 2000 年前,齐王与田忌赛马以及《孙子兵法》中的军事策略就已用到博弈的思想. 博弈论最初主要用于研究象棋、桥牌、赌博中的胜负问题. 至 1928 年, 冯・诺伊曼系统证明了博弈论的基本原理, 从而宣告了博弈论的诞生; 1950 年和 1951 年天才数学家纳什(John Nash)发表了两篇具有划时代意义的重要论文《n 人博弈中的均衡点和非合作博弈》, 提出了著名的纳什均衡. 纳什的研究与 Tucker 于 1950 年定义的"囚徒困境"一起奠定了现代非合作博弈论的基石. 1973 年, John Maynard Smith 和 Gcorge R. Price 在 *Nature* 发表论文中所提出的"Evolutinarily Stable Strategy", 使用的也是博弈的基本理论. 1994 年, 纳什、海萨尼和泽尔腾三位经济学家曾因开创非合作博弈均衡的分析理论获得诺贝尔经济学奖.

博弈论凭着强大的理论优势, 经过半个多世纪的发展, 已经成为经济学领域中一门重要的学科. 经过由纳什均衡理论向进化博弈理论的发展, 博弈论的理论体系日益成熟, 地位不断提高, 并对个人、企业、国家之间的关系发展有巨大的指导作用, 日趋成为现代经济学中一个十分标准的分析工具. 例如, 我们可以使用博弈论这一简洁的工具来分析改革过程中各阶层或者群体利益消长和继续改革的态度问题, 我们可以利用博弈论解决商品、股票的定价过程和制度的安排问题. 此外, 博弈论还广泛应用于经济学、心理学、计算机科学、军事决策等研究领域.

在博弈论分析中, 每个个体都是理性的, 每个个体都有自己的思想, 我们必须了解竞争者的思想, 才能更好地调整自己的策略, 找出关键因素, 从而决定采取何种策略有目的地行事, 以求达到最佳的行动效果. 有关实际生活的众多游戏中经常包含着博弈的思想. 诸如大家所熟知的"石头、剪刀、布"博弈. 我们在游戏进行中, 往往会考虑: 对方如何行动? 我们该如何行动为最佳? 我们如何才能获胜? 这实际上正是博弈者在面对一定的信息量寻求最佳行动和最优策略的问题, 而这恰恰是博弈论的核心.

目前对博弈论有两个最基本的分类: 一种分类方式是按照博弈双方是否同时决策, 博弈分为静态博弈和动态博弈. 同时决策或同时行动的叫作静态博弈, 决策或行动有先后次序的叫作动态博弈. 另一种分类方式是根据博弈者是否都清楚各种对局情况下每个局中人的得益, 分为完全信息博弈和不完全信息博弈. 例如, 在我们熟知的私人扑克牌游戏中, 每个博弈者面临的是一个"完全无信息"博弈.

Nim 游戏是博弈论中一种非常典型的双人"动态最优"博弈, 主要应用于计算机科学. 外索夫游戏是对 Nim 游戏规则取法的推广, 近年来很多学者对外索夫游戏的推广及限制做了很多研究. a－外索夫游戏和 EW 游戏模型就是在此基础上得到的游戏模型.

§2　问题的描述与研究现状

以对策论的观点，Nim 游戏可以描述为：有若干个石头，两个游戏者分别从中轮流拿走若干，每次至少移走一个，直至拿走所有的石头，游戏结束. 两种取胜规则如下：(i) normal 规则，一般认为“谁拿走了最后的若干谁赢”；(ii) misère规则，认为“谁拿走了最后的若干谁输”.

Nim 游戏对于其他不同类型游戏理论的研究起到了关键的作用. 一方面，众多的实际问题能够转化为这类问题；另一方面，以这一问题为背景而建立了游戏问题的模型分类，条理清晰，能使众多的已知结果恰当地纳入这一理论体系当中，同时，能使有兴趣的读者清楚地发现许多具有重要意义的未解决的问题，也能使读者根据实际需要对模型加以丰富和完善.

为了叙述方便，我们先给出关于游戏理论研究的一些基本概念：

(1)公平博弈(游戏). 进行决策时，称博弈双方具有相同选择权利的游戏为公平博弈. 在本文中，我们研究的游戏模型均属于公平博弈，下不赘述.

(2)P 位置和 N 位置. 给定一种规则(normal 规则或 misère 规则)和一个位置，如果游戏者从这个位置出发没有任何策略赢得比赛，那么称这个位置为 P 位置；如果游戏者从这个位置出发存在一种策略赢得比赛，那么称这个位置为 N 位置. 不论采用哪种取胜规则，公平组合游戏的一个位置要么为 P 位置，要么为 N 位置. P 位置与 N 位置的基本关系为：(i)在 normal 规则下，无法进行任何移动的位置是 P 位置(在 misère 规则下，无法进行任何移动的位置是 N 位置)；(ii)可以经一次合法移动导致 P 位置的位置是 N 位置；(iii)任何一次合法移动都导致 N 位置的位置是 P 位置. 将所有的 P 位置集合记为 $\mathscr{P}$；将所有的 N 位置集合记为 $\mathscr{N}$.

(3)mex S. 对于非负整数集合 S，mex S 定义为除集合 S 中元素外的最小非负数. 如 $\text{mex}\{0,1,2\}=3$，$\text{mex}\{0,1,3,4\}=2$，规定 $\text{mex}\,\varnothing=0$.

(4)一个位置的选择. 设 v 是一个位置，在给定的游戏规则下，从 v 出发经过一次合法移动得到的新的位置，称之为 v 的一个选择. 将 v 的所有选择集合记为 $\text{Option}(v)$，即 $\text{Option}(v)=\{u\mid u \text{ 是 } v \text{ 的一个选择}\}$.

(5)$[x]$. 设 $x\in\mathbf{R}$，定义$[x]$为不超过 x 的最大整数.

(6)$\mathbf{Z}^{\geqslant m}$. 我们用 $\mathbf{Z}^{\geqslant m}$ 表示不小于 m 的所有整数集.

我们通常考虑理想的状态，即假设博弈者都是以个体利益的最大化为目标，且有准确的判断选择能力，也就是说，博弈者能够进行“完美博弈”，他的每一步都是能够取胜的最佳选择. 对于任意公平组合游戏，在给定的规则下，N

位置集合与 P 位置集合剖分所有位置集合. P 位置个数相对较少,并且具有一定的特征. 因此,我们往往通过 P 位置或 Sprague-Grundy 函数的计算结果来确定博弈者的取胜策略.

2.1 外索夫游戏

用 (x,y) 表示外索夫游戏的一个位置,其中 x 和 y 分别表示1号堆和2号堆的石头个数. 外索夫游戏可描述为:有两堆各若干个石头,两个游戏者轮流移动石头,移动方法有两类:

(i)要么从两堆中选定一堆,从中移走任意正整数个石头(称为 Nim 移法),即

$$(x,y)\to(x-k,y),0<k\leqslant x$$

或

$$(x,y)\to(x,y-k),0<k\leqslant y$$

(ii)要么同时从两堆中移走同样多的正整数个石头(称为外索夫移法),即

$$(x,y)\to(x-k,y-k),0<k\leqslant\min\{x,y\}$$

记 $H_{(x,y)}=\{(x-k,y)\mid 0<k\leqslant x\}$ 和 $V_{(x,y)}=\{(x,y-k)\mid 0<k\leqslant y\}$,则我们称 $H_{(x,y)}$ 和 $V_{(x,y)}$ 为位置 (x,y) 的"rook"型选择;记 $D_{(x,y)}=\{(x-k,y-k)\mid 0<k\leqslant\min\{x,y\}\}$,则我们称 $D_{(x,y)}$ 为 (x,y) 的"bishop"型选择.

A. S. Fraenkel 也已经将外索夫游戏在 normal 规则和 misère 规则下所有的 P 位置彻底解决,并且用三种不同形式来表示. 在过去的几十年甚至一个世纪中,许多学者对外索夫游戏进行了大量的研究,并取得了许多有用的成果. 他们通过改变游戏的移动方法,得到外索夫游戏各种各样不同的变形. 这些变形大致可以分为两类:外索夫游戏的扩展和外索夫游戏的限制.

2.2 外索夫游戏的扩展

这类模型研究成果相对较多,整体可以分为移动方法的扩展和堆数的扩展. 下面利用几个典型的游戏阐述一下前者,关于堆数的扩展本文不做过多的叙述,有兴趣的读者可以查阅相关文献.

当前所允许的移动方法,是通过在外索夫游戏原有的移动方法基础上添加新的移动而得到的.

(1)a—外索夫游戏

给定整数 $a\geqslant 1$,a—外索夫游戏可以描述为:两堆各若干个石头,游戏者轮流移动石头,移动方法有两类:(i)要么从两堆中选定一堆,从中移走任意正整数个石头(Nim 移法不变);(ii)要么同时从两堆中选取,从一堆选取 $k>0$ 个,从另一堆选取 $l>0$ 个,这里 k 和 l 满足 $0\leqslant|k-l|<a$(外索夫移法扩展).

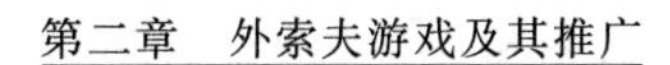

显然，当 $a=1$ 时，a－外索夫游戏就是外索夫游戏. 1－外索夫游戏在 normal 规则和 misère 规则下所有的 P 位置已经被 A. S. Fraenkel 彻底解决.

当 $a\geqslant 2$ 时，a－外索夫游戏在 normal 规则和 misère 规则下所有的 P 位置也已经被 A. S. Fraenkel 彻底解决.

(2)(s,t)－外索夫游戏

A. S. Fraenkel(1998)将 a－外索夫游戏进行了新的扩展，定义了(s,t)－外索夫游戏：给定两个整数 $s\geqslant 1, t\geqslant 1$ 和两堆各若干个石头. 两个游戏者轮流移动石头，移动方法有两类：(i)要么从两堆中选定一堆，从中移走任意正整数个石头(Nim 移法不变)；(ii)要么同时从两堆中选取，从一堆选取 $k>0$ 个，从另一堆选取 $l>0$ 个，这里 k 和 l 满足 $0<k\leqslant l<sk+t$(外索夫移法扩展).

显然，条件 $0<k\leqslant l<sk+t$ 等价于

$$0\leqslant l-k<(s-1)k+t$$

因此 a－外索夫游戏正是(s,t)－外索夫游戏当 $s=1$ 且 $t=a$ 时的特别情形.

对于任意整数 $s,t\geqslant 1$，A. S. Fraenkel 彻底解决了(s,t)－外索夫游戏在 normal 规则下的所有 P 位置，并且利用多项式算法得到了该游戏的精确度. 更明确地讲，该游戏在 normal 规则下的所有 P 位置为

$$P=\bigcup_{n=0}^{\infty}\{(A_n,B_n)\}$$

这里

$$A_n=\operatorname{mex}\{A_i,B_i\mid 0\leqslant i<n\},B_n=sA_n+tn,n\geqslant 0 \tag{1}$$

容易看到，当 $s=1$ 且 $t=a$ 时

$$A_n=\operatorname{mex}\{A_i,B_i\mid 0\leqslant i<n\},B_n=A_n+an,n\geqslant 0$$

此时，$P=\bigcup_{n=0}^{\infty}\{(A_n,B_n)\}$正是 a－外索夫游戏的所有 P 位置.

A. S. Fraenkel(2012)解决了该游戏在 misère 规则下的所有 P 位置

$$M=\bigcup_{i=0}^{\infty}\{(E_i,H_i)\}$$

这里有：

(i)当 $s=t=1$ 时的 P 位置就是经典外索夫游戏在 misère 规则下的所有 P 位置，即

$$E_n=\operatorname{mex}\{E_i,H_i\mid 0\leqslant i<n\}$$

除$(E_0,H_0)=(0,1)$，$(E_1,H_1)=(2,2)$外，对任意的 $n\in\mathbf{Z}^{\geqslant 2}$ 有

$$H_n=sE_n+tn=E_n+n$$

(ii)当 s,t 不同时为 1 时，$E_n=\operatorname{mex}\{E_i,H_i\mid 0\leqslant i<n\}$，对任意的 $n\in\mathbf{Z}^{\geqslant 0}$ 都有

$$H_n=sE_n+tn+1$$

(3)Function－外索夫游戏

A. S. Fraenkel(2004)将(s,t)－外索夫游戏进行了新的扩展，重新定义了Function－外索夫游戏：两堆各若干个石头，两个游戏者轮流移动石头. 移动方法有两类：(i)要么从两堆中选定一堆，从中移走任意正整数个石头(Nim 移法不变)；(ii)要么同时从两堆中选取，从一堆选取 $k>0$ 个，从另一堆选取 $l>0$ 个，这里$|k-l|$依赖于当前位置(x_0,y_0)和到达位置(x_1,y_1)且要求满足

$$|k-l|=|(x_0-x_1)-(y_0-y_1)|<f(x_1,y_1,x_0)$$

这里函数 f 是依赖于 x_1,y_1,x_0 的一个实值约束函数.

显然，如选取 $f(x_1,y_1,x_0)=1$，Function－外索夫游戏等价于外索夫游戏；如选取 $f(x_1,y_1,x_0)=a$，Function－外索夫游戏等价于 a－外索夫游戏；如选取 $f(x_1,y_1,x_0)=s(x_0-x_1)+t$，Function－外索夫游戏等价于$(s,t)$－外索夫游戏.

A. S. Fraenkel 针对 $f(x_1,y_1,x_0)$的多个函数形式，分别给出了该游戏在 normal 规则下的所有 P 位置 $\mathscr{P}=\bigcup_{n=0}^{\infty}\{(A_n,B_n)\}$.

所有上述游戏在 misère 规则下的所有 P 位置如何确定呢？尚无任何结论.

2.3　外索夫游戏的新扩展

A. S. Fraenkel 介绍了一个新的 EW 游戏，EW 游戏可以这样描述：我们用(x,y)表示外索夫游戏的一个位置，其中 x 和 y 分别表示 1 号堆和 2 号堆的石头数目. 有两种移动规则：

(类型 I)游戏者选择 1 号堆且从中拿走石头个数为 $k(k>0)$个，或者游戏者选择 2 号堆且从中拿走石头个数为 $l>0$ 个.

(类型 II)游戏者同时从两堆中取，但是从石头个数较少那堆拿走 $k>0$ 个(如果两堆石头个数相同，可以任意选择一堆)，从石头个数较多那堆拿走 $l>0$ 个，其中 $k>0$ 和 $l>0$ 需要满足 $0<l\leqslant k$.

显然，游戏 EW 是外索夫游戏的一个扩展(在类型 II 中，$l<k$ 是允许的)，我们用$\bigcup_{n=0}^{\infty}\{(A'_n,B'_n)\}$表示 EW 游戏的所有 P 位置集合. A. S. Fraenkel 介绍了 EW 游戏的 P 位置，对于任意的 $n\geqslant 0$，有

$$\begin{cases}A'_n=\operatorname{mex}\{A'_i,B'_i\mid 0\leqslant i<n\}\\ B'_n=A'_n+n\end{cases}\tag{1.2}$$

2.4　EW 游戏的一般限制

这类模型一般都是通过只允许游戏的部分移动方法而得到的.

E. Duchêne 与 A. S. Fraenkel(2009)利用集合的形式限制游戏同时取两堆

时的移动方法.假定 K 是一个有限的正整数集,游戏者从两堆同时取石头的个数为 $k,k\in K$,其他移动方法不变,称这种游戏模型为 Wyt_K 游戏.两位作者利用 Sprague-Grundy 函数的计算结果,得到了 Wyt_K 游戏在 normal 规则下所有的 P 位置.

E. Duchêne(2009)为外索夫游戏移动石头的个数添加上界.也就是说,给定正整数 R,游戏者从一堆取的石头个数或从两堆同时取的石头个数均不超过 R,称为 R-radius 游戏.R-radius 游戏在 normal 规则下的 P 位置已经得到彻底解决.

一些文章中的模型往往只允许移动外索夫游戏的部分移动方法,这样的变形我们称为游戏的限制.这里介绍一种新的 EW 游戏的一般限制:

主要研究对 EW 游戏的限制(EW^b 表示),给一个限制参数 $b\geqslant 1$,用(x,y)表示 EW 游戏的一个位置,其中 x 和 y 分别表示 1 号和 2 号堆的石头数目.两个游戏者轮流拿,但是在下一个游戏者移动前,前面的游戏者可以且最多要求有 $b-1$ 个选择被限制.当这个移动者移动完时,任何限制策略被忘记,且对接下来的游戏没有任何影响,拿走最后石头的游戏者是赢家.

刘培杰数学工作室
已出版(即将出版)图书目录——初等数学

书　　名	出版时间	定　价	编号
新编中学数学解题方法全书(高中版)上卷(第 2 版)	2018—08	58.00	951
新编中学数学解题方法全书(高中版)中卷(第 2 版)	2018—08	68.00	952
新编中学数学解题方法全书(高中版)下卷(一)(第 2 版)	2018—08	58.00	953
新编中学数学解题方法全书(高中版)下卷(二)(第 2 版)	2018—08	58.00	954
新编中学数学解题方法全书(高中版)下卷(三)(第 2 版)	2018—08	68.00	955
新编中学数学解题方法全书(初中版)上卷	2008—01	28.00	29
新编中学数学解题方法全书(初中版)中卷	2010—07	38.00	75
新编中学数学解题方法全书(高考复习卷)	2010—01	48.00	67
新编中学数学解题方法全书(高考真题卷)	2010—01	38.00	62
新编中学数学解题方法全书(高考精华卷)	2011—03	68.00	118
新编平面解析几何解题方法全书(专题讲座卷)	2010—01	18.00	61
新编中学数学解题方法全书(自主招生卷)	2013—08	88.00	261
数学奥林匹克与数学文化(第一辑)	2006—05	48.00	4
数学奥林匹克与数学文化(第二辑)(竞赛卷)	2008—01	48.00	19
数学奥林匹克与数学文化(第二辑)(文化卷)	2008—07	58.00	36′
数学奥林匹克与数学文化(第三辑)(竞赛卷)	2010—01	48.00	59
数学奥林匹克与数学文化(第四辑)(竞赛卷)	2011—08	58.00	87
数学奥林匹克与数学文化(第五辑)	2015—06	98.00	370
世界著名平面几何经典著作钩沉——几何作图专题卷(共 3 卷)	2022—01	198.00	1460
世界著名平面几何经典著作钩沉——民国平面几何老课本	2011—03	38.00	113
世界著名平面几何经典著作钩沉——建国初期平面三角老课本	2015—08	38.00	507
世界著名解析几何经典著作钩沉——平面解析几何卷	2014—01	38.00	264
世界著名数论经典著作钩沉——算术卷	2012—01	28.00	125
世界著名数学经典著作钩沉——立体几何卷	2011—02	28.00	88
世界著名三角学经典著作钩沉——平面三角卷Ⅰ	2010—06	28.00	69
世界著名三角学经典著作钩沉——平面三角卷Ⅱ	2011—01	38.00	78
世界著名初等数论经典著作钩沉——理论和实用算术卷	2011—07	38.00	126
世界著名几何经典著作钩沉——解析几何卷	2022—10	68.00	1564
发展你的空间想象力(第 3 版)	2021—01	98.00	1464
空间想象力进阶	2019—05	68.00	1062
走向国际数学奥林匹克的平面几何试题诠释. 第 1 卷	2019—07	88.00	1043
走向国际数学奥林匹克的平面几何试题诠释. 第 2 卷	2019—09	78.00	1044
走向国际数学奥林匹克的平面几何试题诠释. 第 3 卷	2019—03	78.00	1045
走向国际数学奥林匹克的平面几何试题诠释. 第 4 卷	2019—09	98.00	1046
平面几何证明方法全书	2007—08	48.00	1
平面几何证明方法全书习题解答(第 2 版)	2006—12	18.00	10
平面几何天天练上卷・基础篇(直线型)	2013—01	58.00	208
平面几何天天练中卷・基础篇(涉及圆)	2013—01	28.00	234
平面几何天天练下卷・提高篇	2013—01	58.00	237
平面几何专题研究	2013—07	98.00	258
平面几何解题之道. 第 1 卷	2022—05	38.00	1494
几何学习题集	2020—10	48.00	1217
通过解题学习代数几何	2021—04	88.00	1301
最新世界各国数学奥林匹克中的平面几何试题	2007—09	38.00	14

刘培杰数学工作室

已出版(即将出版)图书目录——初等数学

书　　名	出版时间	定　价	编号
数学竞赛平面几何典型题及新颖解	2010－07	48.00	74
初等数学复习及研究(平面几何)	2008－09	68.00	38
初等数学复习及研究(立体几何)	2010－06	38.00	71
初等数学复习及研究(平面几何)习题解答	2009－01	58.00	42
几何学教程(平面几何卷)	2011－03	68.00	90
几何学教程(立体几何卷)	2011－07	68.00	130
几何变换与几何证题	2010－06	88.00	70
计算方法与几何证题	2011－06	28.00	129
立体几何技巧与方法(第2版)	2022－10	168.00	1572
几何瑰宝——平面几何500名题暨1500条定理(上、下)	2021－07	168.00	1358
三角形的解法与应用	2012－07	18.00	183
近代的三角形几何学	2012－07	48.00	184
一般折线几何学	2015－08	48.00	503
三角形的五心	2009－06	28.00	51
三角形的六心及其应用	2015－10	68.00	542
三角形趣谈	2012－08	28.00	212
解三角形	2014－01	28.00	265
三角函数	2024－10	38.00	1744
探秘三角形:一次数学旅行	2021－10	68.00	1387
三角学专门教程	2014－09	28.00	387
图天下几何新题试卷.初中(第2版)	2017－11	58.00	855
圆锥曲线习题集(上册)	2013－06	68.00	255
圆锥曲线习题集(中册)	2015－01	78.00	434
圆锥曲线习题集(下册·第1卷)	2016－10	78.00	683
圆锥曲线习题集(下册·第2卷)	2018－01	98.00	853
圆锥曲线习题集(下册·第3卷)	2019－10	128.00	1113
圆锥曲线的思想方法	2021－08	48.00	1379
圆锥曲线的八个主要问题	2021－10	48.00	1415
圆锥曲线的奥秘	2022－06	88.00	1541
论九点圆	2015－05	88.00	645
论圆的几何学	2024－06	48.00	1736
近代欧氏几何学	2012－03	48.00	162
罗巴切夫斯基几何学及几何基础概要	2012－07	28.00	188
罗巴切夫斯基几何学初步	2015－06	28.00	474
用三角、解析几何、复数、向量计算解数学竞赛几何题	2015－03	48.00	455
用解析法研究圆锥曲线的几何理论	2022－05	48.00	1495
美国中学几何教程	2015－04	88.00	458
三线坐标与三角形特征点	2015－04	98.00	460
坐标几何学基础.第1卷,笛卡儿坐标	2021－08	48.00	1398
坐标几何学基础.第2卷,三线坐标	2021－09	28.00	1399
平面解析几何方法与研究(第1卷)	2015－05	28.00	471
平面解析几何方法与研究(第2卷)	2015－06	38.00	472
平面解析几何方法与研究(第3卷)	2015－07	28.00	473
解析几何研究	2015－01	38.00	425
解析几何学教程.上	2016－01	38.00	574
解析几何学教程.下	2016－01	38.00	575
几何学基础	2016－01	58.00	581
初等几何研究	2015－02	58.00	444
十九和二十世纪欧氏几何学中的片段	2017－01	58.00	696
平面几何中考.高考.奥数一本通	2017－07	28.00	820
几何学简史	2017－08	28.00	833
四面体	2018－01	48.00	880
平面几何证明方法思路	2018－12	68.00	913
折纸中的几何练习	2022－09	48.00	1559
中学新几何学(英文)	2022－10	98.00	1562
线性代数与几何	2023－04	68.00	1633
四面体几何学引论	2023－06	68.00	1648

刘培杰数学工作室
已出版(即将出版)图书目录——初等数学

书　　名	出版时间	定　价	编号
平面几何图形特性新析.上篇	2019－01	68.00	911
平面几何图形特性新析.下篇	2018－06	88.00	912
平面几何范例多解探究.上篇	2018－04	48.00	910
平面几何范例多解探究.下篇	2018－12	68.00	914
从分析解题过程学解题:竞赛中的几何问题研究	2018－07	68.00	946
从分析解题过程学解题:竞赛中的向量几何与不等式研究(全2册)	2019－06	138.00	1090
从分析解题过程学解题:竞赛中的不等式问题	2021－01	48.00	1249
二维、三维欧氏几何的对偶原理	2018－12	38.00	990
星形大观及闭折线论	2019－03	68.00	1020
立体几何的问题和方法	2019－11	58.00	1127
三角代换论	2021－05	58.00	1313
俄罗斯平面几何问题集	2009－08	88.00	55
俄罗斯立体几何问题集	2014－03	58.00	283
俄罗斯几何大师——沙雷金论数学及其他	2014－01	48.00	271
来自俄罗斯的5000道几何习题及解答	2011－03	58.00	89
俄罗斯初等数学问题集	2012－05	38.00	177
俄罗斯函数问题集	2011－03	38.00	103
俄罗斯组合分析问题集	2011－01	48.00	79
俄罗斯初等数学万题选——三角卷	2012－11	38.00	222
俄罗斯初等数学万题选——代数卷	2013－08	68.00	225
俄罗斯初等数学万题选——几何卷	2014－01	68.00	226
俄罗斯《量子》杂志数学征解问题100题选	2018－08	48.00	969
俄罗斯《量子》杂志数学征解问题又100题选	2018－08	48.00	970
俄罗斯《量子》杂志数学征解问题	2020－05	48.00	1138
463个俄罗斯几何老问题	2012－01	28.00	152
《量子》数学短文精粹	2018－09	38.00	972
用三角、解析几何等计算解来自俄罗斯的几何题	2019－11	88.00	1119
基谢廖夫平面几何	2022－01	48.00	1461
基谢廖夫立体几何	2023－04	48.00	1599
数学:代数、数学分析和几何(10－11年级)	2021－01	48.00	1250
直观几何学:5—6年级	2022－04	58.00	1508
几何学:第2版.7—9年级	2023－08	68.00	1684
平面几何:9—11年级	2022－10	48.00	1571
立体几何.10—11年级	2022－01	58.00	1472
几何快递	2024－05	48.00	1697
谈谈素数	2011－03	18.00	91
平方和	2011－03	18.00	92
整数论	2011－05	38.00	120
从整数谈起	2015－10	28.00	538
数与多项式	2016－01	38.00	558
谈谈不定方程	2011－05	28.00	119
质数漫谈	2022－07	68.00	1529
解析不等式新论	2009－06	68.00	48
建立不等式的方法	2011－03	98.00	104
数学奥林匹克不等式研究(第2版)	2020－07	68.00	1181
不等式研究(第三辑)	2023－08	198.00	1673
不等式的秘密(第一卷)(第2版)	2014－02	38.00	286
不等式的秘密(第二卷)	2014－01	38.00	268
初等不等式的证明方法	2010－06	38.00	123
初等不等式的证明方法(第二版)	2014－11	38.00	407
不等式・理论・方法(基础卷)	2015－07	38.00	496
不等式・理论・方法(经典不等式卷)	2015－07	38.00	497
不等式・理论・方法(特殊类型不等式卷)	2015－07	48.00	498
不等式探究	2016－03	38.00	582
不等式探秘	2017－01	88.00	689

刘培杰数学工作室
已出版(即将出版)图书目录——初等数学

书 名	出版时间	定 价	编号
四面体不等式	2017－01	68.00	715
数学奥林匹克中常见重要不等式	2017－09	38.00	845
三正弦不等式	2018－09	98.00	974
函数方程与不等式:解法与稳定性结果	2019－04	68.00	1058
数学不等式.第1卷,对称多项式不等式	2022－05	78.00	1455
数学不等式.第2卷,对称有理不等式与对称无理不等式	2022－05	88.00	1456
数学不等式.第3卷,循环不等式与非循环不等式	2022－05	88.00	1457
数学不等式.第4卷,Jensen不等式的扩展与加细	2022－05	88.00	1458
数学不等式.第5卷,创建不等式与解不等式的其他方法	2022－05	88.00	1459
不定方程及其应用.上	2018－12	58.00	992
不定方程及其应用.中	2019－01	78.00	993
不定方程及其应用.下	2019－02	98.00	994
Nesbitt不等式加强式的研究	2022－06	128.00	1527
最值定理与分析不等式	2023－02	78.00	1567
一类积分不等式	2023－02	88.00	1579
邦费罗尼不等式及概率应用	2023－05	58.00	1637
同余理论	2012－05	38.00	163
[x]与{x}	2015－04	48.00	476
极值与最值.上卷	2015－06	28.00	486
极值与最值.中卷	2015－06	38.00	487
极值与最值.下卷	2015－06	28.00	488
整数的性质	2012－11	38.00	192
完全平方数及其应用	2015－08	78.00	506
多项式理论	2015－10	88.00	541
奇数、偶数、奇偶分析法	2018－01	98.00	876
历届美国中学生数学竞赛试题及解答(第1卷)1950～1954	2014－07	18.00	277
历届美国中学生数学竞赛试题及解答(第2卷)1955～1959	2014－04	18.00	278
历届美国中学生数学竞赛试题及解答(第3卷)1960～1964	2014－06	18.00	279
历届美国中学生数学竞赛试题及解答(第4卷)1965～1969	2014－04	28.00	280
历届美国中学生数学竞赛试题及解答(第5卷)1970～1972	2014－06	18.00	281
历届美国中学生数学竞赛试题及解答(第6卷)1973～1980	2017－07	18.00	768
历届美国中学生数学竞赛试题及解答(第7卷)1981～1986	2015－01	18.00	424
历届美国中学生数学竞赛试题及解答(第8卷)1987～1990	2017－05	18.00	769
历届国际数学奥林匹克试题集	2023－09	158.00	1701
历届中国数学奥林匹克试题集(第3版)	2021－10	58.00	1440
历届加拿大数学奥林匹克试题集	2012－08	38.00	215
历届美国数学奥林匹克试题集	2023－08	98.00	1681
历届波兰数学竞赛试题集.第1卷,1949～1963	2015－03	18.00	453
历届波兰数学竞赛试题集.第2卷,1964～1976	2015－03	18.00	454
历届巴尔干数学奥林匹克试题集	2015－05	38.00	466
历届CGMO试题及解答	2024－03	48.00	1717
保加利亚数学奥林匹克	2014－10	38.00	393
圣彼得堡数学奥林匹克试题集	2015－01	38.00	429
匈牙利奥林匹克数学竞赛题解.第1卷	2016－05	28.00	593
匈牙利奥林匹克数学竞赛题解.第2卷	2016－05	28.00	594
历届美国数学邀请赛试题集(第2版)	2017－10	78.00	851
全美高中数学竞赛:纽约州数学竞赛(1989—1994)	2024－08	48.00	1740
普林斯顿大学数学竞赛	2016－06	38.00	669
亚太地区数学奥林匹克竞赛题	2015－07	18.00	492
日本历届(初级)广中杯数学竞赛试题及解答.第1卷(2000～2007)	2016－05	28.00	641
日本历届(初级)广中杯数学竞赛试题及解答.第2卷(2008～2015)	2016－05	38.00	642
越南数学奥林匹克题选:1962－2009	2021－07	48.00	1370
罗马尼亚大师杯数学竞赛试题及解答	2024－09	48.00	1746
欧洲女子数学奥林匹克	2024－04	48.00	1723
360个数学竞赛问题	2016－08	58.00	677

刘培杰数学工作室

已出版(即将出版)图书目录——初等数学 

书　　名	出版时间	定　价	编号
奥数最佳实战题.上卷	2017－06	38.00	760
奥数最佳实战题.下卷	2017－05	58.00	761
解决问题的策略	2024－08	48.00	1742
哈尔滨市早期中学数学竞赛试题汇编	2016－07	28.00	672
全国高中数学联赛试题及解答:1981—2019(第 4 版)	2020－07	138.00	1176
2024 年全国高中数学联合竞赛模拟题集	2024－01	38.00	1702
20 世纪 50 年代全国部分城市数学竞赛试题汇编	2017－07	28.00	797
国内外数学竞赛题及精解:2018—2019	2020－08	45.00	1192
国内外数学竞赛题及精解:2019—2020	2021－11	58.00	1439
许康华竞赛优学精选集.第一辑	2018－08	68.00	949
天问叶班数学问题征解 100 题.Ⅰ,2016－2018	2019－05	88.00	1075
天问叶班数学问题征解 100 题.Ⅱ,2017－2019	2020－07	98.00	1177
美国初中数学竞赛:AMC8 准备(共 6 卷)	2019－07	138.00	1089
美国高中数学竞赛:AMC10 准备(共 6 卷)	2019－08	158.00	1105
中国数学奥林匹克国家集训队选拔试题背景研究	2015－01	78.00	1781
高考数学核心题型解题方法与技巧	2010－01	28.00	86
高考数学压轴题解题诀窍(上)(第 2 版)	2018－01	58.00	874
高考数学压轴题解题诀窍(下)(第 2 版)	2018－01	48.00	875
突破高考数学新定义创新压轴题	2024－08	88.00	1741
北京市五区文科数学三年高考模拟题详解:2013～2015	2015－08	48.00	500
北京市五区理科数学三年高考模拟题详解:2013～2015	2015－09	68.00	505
向量法巧解数学高考题	2009－08	28.00	54
高中数学课堂教学的实践与反思	2021－11	48.00	791
数学高考参考	2016－01	78.00	589
新课程标准高考数学解答题各种题型解法指导	2020－08	78.00	1196
全国及各省市高考数学试题审题要津与解法研究	2015－02	48.00	450
高中数学章节起始课的教学研究与案例设计	2019－05	28.00	1064
新课标高考数学——五年试题分章详解(2007～2011)(上、下)	2011－10	78.00	140,141
全国中考数学压轴题审题要津与解法研究	2013－04	78.00	248
新编全国及各省市中考数学压轴题审题要津与解法研究	2014－05	58.00	342
全国及各省市 5 年中考数学压轴题审题要津与解法研究(2015 版)	2015－04	58.00	462
中考数学专题总复习	2007－04	28.00	6
中考数学较难题常考题型解题方法与技巧	2016－09	48.00	681
中考数学难题常考题型解题方法与技巧	2016－09	48.00	682
中考数学中档题常考题型解题方法与技巧	2017－08	68.00	835
中考数学选择填空压轴好题妙解 365	2024－01	80.00	1698
中考数学:三类重点考题的解法例析与习题	2020－04	48.00	1140
中小学数学的历史文化	2019－11	48.00	1124
小升初衔接数学	2024－06	68.00	1734
赢在小升初——数学	2024－08	78.00	1739
初中平面几何百题多思创新解	2020－01	58.00	1125
初中数学中考备考	2020－01	58.00	1126
高考数学之九章演义	2019－08	68.00	1044
高考数学之难题谈笑间	2022－06	68.00	1519
化学可以这样学:高中化学知识方法智慧感悟疑难辨析	2019－07	58.00	1103
如何成为学习高手	2019－09	58.00	1107
高考数学:经典真题分类解析	2020－04	78.00	1134
高考数学解答题破解策略	2020－11	58.00	1221
从分析解题过程学解题:高考压轴题与竞赛题之关系探究	2020－08	88.00	1179
从分析解题过程学解题:数学高考与竞赛的互联互通探究	2024－06	88.00	1735
教学新思考:单元整体视角下的初中数学教学设计	2021－03	58.00	1278
思维再拓展:2020 年经典几何题的多解探究与思考	即将出版		1279
十年高考数学试题创新与经典研究:基于高中数学大概念的视角	2024－10	58.00	1777
高中数学题型全解(全 5 册)	2024－10	298.00	1778
中考数学小压轴汇编初讲	2017－07	48.00	788
中考数学大压轴专题微言	2017－09	48.00	846

刘培杰数学工作室

已出版(即将出版)图书目录——初等数学

书　　名	出版时间	定　价	编号
怎么解中考平面几何探索题	2019－06	48.00	1093
北京中考数学压轴题解题方法突破(第 10 版)	2024－11	88.00	1780
助你高考成功的数学解题智慧:知识是智慧的基础	2016－01	58.00	596
助你高考成功的数学解题智慧:错误是智慧的试金石	2016－04	58.00	643
助你高考成功的数学解题智慧:方法是智慧的推手	2016－04	68.00	657
高考数学奇思妙解	2016－04	38.00	610
高考数学解题策略	2016－05	48.00	670
数学解题泄天机(第 2 版)	2017－10	48.00	850
高中物理教学讲义	2018－01	48.00	871
高中物理教学讲义:全模块	2022－03	98.00	1492
高中物理答疑解惑 65 篇	2021－11	48.00	1462
中学物理基础问题解析	2020－08	48.00	1183
初中数学、高中数学脱节知识补缺教材	2017－06	48.00	766
高考数学客观题解题方法和技巧	2017－10	38.00	847
十年高考数学精品试题审题要津与解法研究	2021－10	98.00	1427
中国历届高考数学试题及解答.1949－1979	2018－01	38.00	877
历届中国高考数学试题及解答.第二卷,1980—1989	2018－10	28.00	975
历届中国高考数学试题及解答.第三卷,1990—1999	2018－10	48.00	976
跟我学解高中数学题	2018－07	58.00	926
中学数学研究的方法及案例	2018－05	58.00	869
高考数学抢分技能	2018－07	68.00	934
高一新生常用数学方法和重要数学思想提升教材	2018－06	38.00	921
高考数学全国卷六道解答题常考题型解题诀窍:理科(全 2 册)	2019－07	78.00	1101
高考数学全国卷 16 道选择、填空题常考题型解题诀窍.理科	2018－09	88.00	971
高考数学全国卷 16 道选择、填空题常考题型解题诀窍.文科	2020－01	88.00	1123
高中数学一题多解	2019－06	58.00	1087
历届中国高考数学试题及解答:1917－1999	2021－08	118.00	1371
2000～2003 年全国及各省市高考数学试题及解答	2022－05	88.00	1499
2004 年全国及各省市高考数学试题及解答	2023－08	78.00	1500
2005 年全国及各省市高考数学试题及解答	2023－08	78.00	1501
2006 年全国及各省市高考数学试题及解答	2023－08	88.00	1502
2007 年全国及各省市高考数学试题及解答	2023－08	98.00	1503
2008 年全国及各省市高考数学试题及解答	2023－08	88.00	1504
2009 年全国及各省市高考数学试题及解答	2023－08	88.00	1505
2010 年全国及各省市高考数学试题及解答	2023－08	98.00	1506
2011～2017 年全国及各省市高考数学试题及解答	2024－01	78.00	1507
2018～2023 年全国及各省市高考数学试题及解答	2024－03	78.00	1709
突破高原:高中数学解题思维探究	2021－08	48.00	1375
高考数学中的“取值范围”	2021－10	48.00	1429
新课程标准高中数学各种题型解法大全.必修一分册	2021－06	58.00	1315
新课程标准高中数学各种题型解法大全.必修二分册	2022－01	68.00	1471
高中数学各种题型解法大全.选择性必修一分册	2022－06	68.00	1525
高中数学各种题型解法大全.选择性必修二分册	2023－01	58.00	1600
高中数学各种题型解法大全.选择性必修三分册	2023－04	48.00	1643
高中数学专题研究	2024－05	88.00	1722
历届全国初中数学竞赛经典试题详解	2023－04	88.00	1624
孟祥礼高考数学精刷精解	2023－06	98.00	1663
新编 640 个世界著名数学智力趣题	2014－01	88.00	242
500 个最新世界著名数学智力趣题	2008－06	48.00	3
400 个最新世界著名数学最值问题	2008－09	48.00	36
500 个世界著名数学征解问题	2009－06	48.00	52
400 个中国最佳初等数学征解老问题	2010－01	48.00	60
500 个俄罗斯数学经典老题	2011－01	28.00	81
1000 个国外中学物理好题	2012－04	48.00	174
300 个日本高考数学题	2012－05	38.00	142
700 个早期日本高考数学试题	2017－02	88.00	752

刘培杰数学工作室

已出版(即将出版)图书目录——初等数学

书　　名	出版时间	定　价	编号
500 个前苏联早期高考数学试题及解答	2012－05	28.00	185
546 个早期俄罗斯大学生数学竞赛题	2014－03	38.00	285
548 个来自美苏的数学好问题	2014－11	28.00	396
20 所苏联著名大学早期入学试题	2015－02	18.00	452
161 道德国工科大学生必做的微分方程习题	2015－05	28.00	469
500 个德国工科大学生必做的高数习题	2015－06	28.00	478
360 个数学竞赛问题	2016－08	58.00	677
200 个趣味数学故事	2018－02	48.00	857
470 个数学奥林匹克中的最值问题	2018－10	88.00	985
德国讲义日本考题.微积分卷	2015－04	48.00	456
德国讲义日本考题.微分方程卷	2015－04	38.00	457
二十世纪中叶中、英、美、日、法、俄高考数学试题精选	2017－06	38.00	783
中国初等数学研究　2009 卷(第 1 辑)	2009－05	20.00	45
中国初等数学研究　2010 卷(第 2 辑)	2010－05	30.00	68
中国初等数学研究　2011 卷(第 3 辑)	2011－07	60.00	127
中国初等数学研究　2012 卷(第 4 辑)	2012－07	48.00	190
中国初等数学研究　2014 卷(第 5 辑)	2014－02	48.00	288
中国初等数学研究　2015 卷(第 6 辑)	2015－06	68.00	493
中国初等数学研究　2016 卷(第 7 辑)	2016－04	68.00	609
中国初等数学研究　2017 卷(第 8 辑)	2017－01	98.00	712
初等数学研究在中国.第 1 辑	2019－03	158.00	1024
初等数学研究在中国.第 2 辑	2019－10	158.00	1116
初等数学研究在中国.第 3 辑	2021－05	158.00	1306
初等数学研究在中国.第 4 辑	2022－06	158.00	1520
初等数学研究在中国.第 5 辑	2023－07	158.00	1635
几何变换(Ⅰ)	2014－07	28.00	353
几何变换(Ⅱ)	2015－06	28.00	354
几何变换(Ⅲ)	2015－01	38.00	355
几何变换(Ⅳ)	2015－12	38.00	356
初等数论难题集(第一卷)	2009－05	68.00	44
初等数论难题集(第二卷)(上、下)	2011－02	128.00	82,83
数论概貌	2011－03	18.00	93
代数数论(第二版)	2013－08	58.00	94
代数多项式	2014－06	38.00	289
初等数论的知识与问题	2011－02	28.00	95
超越数论基础	2011－03	28.00	96
数论初等教程	2011－03	28.00	97
数论基础	2011－03	18.00	98
数论基础与维诺格拉多夫	2014－03	18.00	292
解析数论基础	2012－08	28.00	216
解析数论基础(第二版)	2014－01	48.00	287
解析数论问题集(第二版)(原版引进)	2014－05	88.00	343
解析数论问题集(第二版)(中译本)	2016－04	88.00	607
解析数论基础(潘承洞,潘承彪著)	2016－07	98.00	673
解析数论导引	2016－07	58.00	674
数论入门	2011－03	38.00	99
代数数论入门	2015－03	38.00	448

刘培杰数学工作室
已出版(即将出版)图书目录——初等数学

书　　名	出版时间	定　价	编号
数论开篇	2012－07	28.00	194
解析数论引论	2011－03	48.00	100
Barban Davenport Halberstam 均值和	2009－01	40.00	33
基础数论	2011－03	28.00	101
初等数论 100 例	2011－05	18.00	122
初等数论经典例题	2012－07	18.00	204
最新世界各国数学奥林匹克中的初等数论试题(上、下)	2012－01	138.00	144,145
初等数论(Ⅰ)	2012－01	18.00	156
初等数论(Ⅱ)	2012－01	18.00	157
初等数论(Ⅲ)	2012－01	28.00	158
平面几何与数论中未解决的新老问题	2013－01	68.00	229
代数数论简史	2014－11	28.00	408
代数数论	2015－09	88.00	532
代数、数论及分析习题集	2016－11	98.00	695
数论导引提要及习题解答	2016－01	48.00	559
素数定理的初等证明.第 2 版	2016－09	48.00	686
数论中的模函数与狄利克雷级数(第二版)	2017－11	78.00	837
数论:数学导引	2018－01	68.00	849
范氏大代数	2019－02	98.00	1016
解析数学讲义.第一卷,导来式及微分、积分、级数	2019－04	88.00	1021
解析数学讲义.第二卷,关于几何的应用	2019－04	68.00	1022
解析数学讲义.第三卷,解析函数论	2019－04	78.00	1023
分析·组合·数论纵横谈	2019－04	58.00	1039
Hall 代数:民国时期的中学数学课本:英文	2019－08	88.00	1106
基谢廖夫初等代数	2022－07	38.00	1531
基谢廖夫算术	2024－05	48.00	1725
数学精神巡礼	2019－01	58.00	731
数学眼光透视(第 2 版)	2017－06	78.00	732
数学思想领悟(第 2 版)	2018－01	68.00	733
数学方法溯源(第 2 版)	2018－08	68.00	734
数学解题引论	2017－05	58.00	735
数学史话览胜(第 2 版)	2017－01	48.00	736
数学应用展观(第 2 版)	2017－08	68.00	737
数学建模尝试	2018－04	48.00	738
数学竞赛采风	2018－01	68.00	739
数学测评探营	2019－05	58.00	740
数学技能操握	2018－03	48.00	741
数学欣赏拾趣	2018－02	48.00	742
从毕达哥拉斯到怀尔斯	2007－10	48.00	9
从迪利克雷到维斯卡尔迪	2008－01	48.00	21
从哥德巴赫到陈景润	2008－05	98.00	35
从庞加莱到佩雷尔曼	2011－08	138.00	136
博弈论精粹	2008－03	58.00	30
博弈论精粹.第二版(精装)	2015－01	88.00	461
数学 我爱你	2008－01	28.00	20
精神的圣徒　别样的人生——60 位中国数学家成长的历程	2008－09	48.00	39
数学史概论	2009－06	78.00	50

刘培杰数学工作室

已出版(即将出版)图书目录——初等数学 

书 名	出版时间	定 价	编号
数学史概论(精装)	2013—03	158.00	272
数学史选讲	2016—01	48.00	544
斐波那契数列	2010—02	28.00	65
数学拼盘和斐波那契魔方	2010—07	38.00	72
斐波那契数列欣赏(第2版)	2018—08	58.00	948
Fibonacci 数列中的明珠	2018—06	58.00	928
数学的创造	2011—02	48.00	85
数学美与创造力	2016—01	48.00	595
数海拾贝	2016—01	48.00	590
数学中的美(第2版)	2019—04	68.00	1057
数论中的美学	2014—12	38.00	351
数学王者　科学巨人——高斯	2015—01	28.00	428
振兴祖国数学的圆梦之旅:中国初等数学研究史话	2015—06	98.00	490
二十世纪中国数学史料研究	2015—10	48.00	536
《九章算法比类大全》校注	2024—06	198.00	1695
数字谜、数阵图与棋盘覆盖	2016—01	58.00	298
数学概念的进化:一个初步的研究	2023—07	68.00	1683
数学发现的艺术:数学探索中的合情推理	2016—07	58.00	671
活跃在数学中的参数	2016—07	48.00	675
数海趣史	2021—05	98.00	1314
玩转幻中之幻	2023—08	88.00	1682
数学艺术品	2023—09	98.00	1685
数学博弈与游戏	2023—10	68.00	1692
数学解题——靠数学思想给力(上)	2011—07	38.00	131
数学解题——靠数学思想给力(中)	2011—07	48.00	132
数学解题——靠数学思想给力(下)	2011—07	38.00	133
我怎样解题	2013—01	48.00	227
数学解题中的物理方法	2011—06	28.00	114
数学解题的特殊方法	2011—06	48.00	115
中学数学计算技巧(第2版)	2020—10	48.00	1220
中学数学证明方法	2012—01	58.00	117
数学趣题巧解	2012—03	28.00	128
高中数学教学通鉴	2015—05	58.00	479
和高中生漫谈:数学与哲学的故事	2014—08	28.00	369
算术问题集	2017—03	38.00	789
张教授讲数学	2018—07	38.00	933
陈永明实话实说数学教学	2020—04	68.00	1132
中学数学学科知识与教学能力	2020—06	58.00	1155
怎样把课讲好:大罕数学教学随笔	2022—03	58.00	1484
中国高考评价体系下高考数学探秘	2022—03	48.00	1487
数苑漫步	2024—01	58.00	1670
自主招生考试中的参数方程问题	2015—01	28.00	435
自主招生考试中的极坐标问题	2015—04	28.00	463
近年全国重点大学自主招生数学试题全解及研究.华约卷	2015—02	38.00	441
近年全国重点大学自主招生数学试题全解及研究.北约卷	2016—05	38.00	619
自主招生数学解证宝典	2015—09	48.00	535
中国科学技术大学创新班数学真题解析	2022—03	48.00	1488
中国科学技术大学创新班物理真题解析	2022—03	58.00	1489
格点和面积	2012—07	18.00	191
射影几何趣谈	2012—04	28.00	175
斯潘纳尔引理——从一道加拿大数学奥林匹克试题谈起	2014—01	28.00	228
李普希兹条件——从几道近年高考数学试题谈起	2012—10	18.00	221
拉格朗日中值定理——从一道北京高考试题的解法谈起	2015—10	18.00	197

刘培杰数学工作室

已出版(即将出版)图书目录——初等数学

书　　名	出版时间	定　价	编号
闵科夫斯基定理——从一道清华大学自主招生试题谈起	2014－01	28.00	198
哈尔测度——从一道冬令营试题的背景谈起	2012－08	28.00	202
切比雪夫逼近问题——从一道中国台北数学奥林匹克试题谈起	2013－04	38.00	238
伯恩斯坦多项式与贝齐尔曲面——从一道全国高中数学联赛试题谈起	2013－03	38.00	236
卡塔兰猜想——从一道普特南竞赛试题谈起	2013－06	18.00	256
麦卡锡函数和阿克曼函数——从一道前南斯拉夫数学奥林匹克试题谈起	2012－08	18.00	201
贝蒂定理与拉姆贝克莫斯尔定理——从一个拣石子游戏谈起	2012－08	18.00	217
皮亚诺曲线和豪斯道夫分球定理——从无限集谈起	2012－08	18.00	211
平面凸图形与凸多面体	2012－10	28.00	218
斯坦因豪斯问题——从一道二十五省市自治区中学数学竞赛试题谈起	2012－07	18.00	196
纽结理论中的亚历山大多项式与琼斯多项式——从一道北京市高一数学竞赛试题谈起	2012－07	28.00	195
原则与策略——从波利亚“解题表”谈起	2013－04	38.00	244
转化与化归——从三大尺规作图不能问题谈起	2012－08	28.00	214
代数几何中的贝祖定理(第一版)——从一道 IMO 试题的解法谈起	2013－08	18.00	193
成功连贯理论与约当块理论——从一道比利时数学竞赛试题谈起	2012－04	18.00	180
素数判定与大数分解	2014－08	18.00	199
置换多项式及其应用	2012－10	18.00	220
椭圆函数与模函数——从一道美国加州大学洛杉矶分校(UCLA)博士资格考题谈起	2012－10	28.00	219
差分方程的拉格朗日方法——从一道 2011 年全国高考理科试题的解法谈起	2012－08	28.00	200
力学在几何中的一些应用	2013－01	38.00	240
从根式解到伽罗华理论	2020－01	48.00	1121
康托洛维奇不等式——从一道全国高中联赛试题谈起	2013－03	28.00	337
拉克斯定理和阿廷定理——从一道 IMO 试题的解法谈起	2014－01	58.00	246
毕卡大定理——从一道美国大学数学竞赛试题谈起	2014－07	18.00	350
拉格朗日乘子定理——从一道 2005 年全国高中联赛试题的高等数学解法谈起	2015－05	28.00	480
雅可比定理——从一道日本数学奥林匹克试题谈起	2013－04	48.00	249
李天岩－约克定理——从一道波兰数学竞赛试题谈起	2014－06	28.00	349
受控理论与初等不等式:从一道 IMO 试题的解法谈起	2023－03	48.00	1601
布劳维不动点定理——从一道前苏联数学奥林匹克试题谈起	2014－01	38.00	273
莫德尔－韦伊定理——从一道日本数学奥林匹克试题谈起	2024－10	48.00	1602
斯蒂尔杰斯积分——从一道国际大学生数学竞赛试题的解法谈起	2024－10	68.00	1605
切博塔廖夫猜想——从一道 1978 年全国高中数学竞赛试题谈起	2024－10	38.00	1606
卡西尼卵形线:从一道高中数学期中考试试题谈起	2024－10	48.00	1607
格罗斯问题:亚纯函数的唯一性问题	2024－10	48.00	1608
布格尔问题——从一道第 6 届全国中学生物理竞赛预赛试题谈起	2024－09	68.00	1609
多项式逼近问题——从一道美国大学生数学竞赛试题谈起	2024－10	48.00	1748
中国剩余定理——总数法构建中国历史年表	2015－01	28.00	430
沙可夫斯基定理——从一道韩国数学奥林匹克竞赛试题的解法谈起	2025－01	68.00	1753
斯特林公式——从一道 2023 年高考数学(天津卷)试题的背景谈起	2025－01	28.00	1754
分圆多项式——从一道美国国家队选拔考试试题的解法谈起	2025－01	48.00	1786
费马数与广义费马数——从一道 USAMO 试题的解法谈起	2025－01	48.00	1794
信息论中的香农熵——从一道近年高考压轴题谈起	即将出版		

刘培杰数学工作室
已出版(即将出版)图书目录——初等数学

书　　名	出版时间	定　价	编号
约当不等式——从一道希望杯竞赛试题谈起	即将出版		
拉比诺维奇定理	即将出版		
刘维尔定理——从一道《美国数学月刊》征解问题的解法谈起	即将出版		
卡塔兰恒等式与级数求和——从一道 IMO 试题的解法谈起	即将出版		
勒让德猜想与素数分布——从一道爱尔兰竞赛试题谈起	即将出版		
天平称重与信息论——从一道基辅市数学奥林匹克试题谈起	即将出版		
哈密尔顿－凯莱定理:从一道高中数学联赛试题的解法谈起	2014－09	18.00	376
艾思特曼定理——从一道 CMO 试题的解法谈起	即将出版		
阿贝尔恒等式与经典不等式及应用	2018－06	98.00	923
迪利克雷除数问题	2018－07	48.00	930
幻方、幻立方与拉丁方	2019－08	48.00	1092
帕斯卡三角形	2014－03	18.00	294
蒲丰投针问题——从 2009 年清华大学的一道自主招生试题谈起	2014－01	38.00	295
斯图姆定理——从一道"华约"自主招生试题的解法谈起	2014－01	18.00	296
许瓦兹引理——从一道加利福尼亚大学伯克利分校数学系博士生试题谈起	2014－08	18.00	297
拉姆塞定理——从王诗宬院士的一个问题谈起	2016－04	48.00	299
坐标法	2013－12	28.00	332
数论三角形	2014－04	38.00	341
毕克定理	2014－07	18.00	352
数林掠影	2014－09	48.00	389
我们周围的概率	2014－10	38.00	390
凸函数最值定理:从一道华约自主招生题的解法谈起	2014－10	28.00	391
易学与数学奥林匹克	2014－10	38.00	392
生物数学趣谈	2015－01	18.00	409
反演	2015－01	28.00	420
因式分解与圆锥曲线	2015－01	18.00	426
轨迹	2015－01	28.00	427
面积原理:从常庚哲命的一道 CMO 试题的积分解法谈起	2015－01	48.00	431
形形色色的不动点定理:从一道 28 届 IMO 试题谈起	2015－01	38.00	439
柯西函数方程:从一道上海交大自主招生的试题谈起	2015－02	28.00	440
三角恒等式	2015－02	28.00	442
无理性判定:从一道 2014 年"北约"自主招生试题谈起	2015－01	38.00	443
数学归纳法	2015－03	18.00	451
极端原理与解题	2015－04	28.00	464
法雷级数	2014－08	18.00	367
摆线族	2015－01	38.00	438
函数方程及其解法	2015－05	38.00	470
含参数的方程和不等式	2012－09	28.00	213
希尔伯特第十问题	2016－01	38.00	543
无穷小量的求和	2016－01	28.00	545
切比雪夫多项式:从一道清华大学金秋营试题谈起	2016－01	38.00	583
泽肯多夫定理	2016－03	38.00	599
代数等式证题法	2016－01	28.00	600
三角等式证题法	2016－01	28.00	601
吴大任教授藏书中的一个因式分解公式:从一道美国数学邀请赛试题的解法谈起	2016－06	28.00	656
易卦——类万物的数学模型	2017－08	68.00	838
"不可思议"的数与数系可持续发展	2018－01	38.00	878
最短线	2018－01	38.00	879
数学在天文、地理、光学、机械力学中的一些应用	2023－03	88.00	1576
从阿基米德三角形谈起	2023－01	28.00	1578

刘培杰数学工作室
已出版(即将出版)图书目录——初等数学

书　　名	出版时间	定　价	编号
幻方和魔方(第一卷)	2012-05	68.00	173
尘封的经典——初等数学经典文献选读(第一卷)	2012-07	48.00	205
尘封的经典——初等数学经典文献选读(第二卷)	2012-07	38.00	206
初级方程式论	2011-03	28.00	106
初等数学研究(Ⅰ)	2008-09	68.00	37
初等数学研究(Ⅱ)(上、下)	2009-05	118.00	46,47
初等数学专题研究	2022-10	68.00	1568
趣味初等方程妙题集锦	2014-09	48.00	388
趣味初等数论选美与欣赏	2015-02	48.00	445
耕读笔记(上卷):一位农民数学爱好者的初数探索	2015-04	28.00	459
耕读笔记(中卷):一位农民数学爱好者的初数探索	2015-05	28.00	483
耕读笔记(下卷):一位农民数学爱好者的初数探索	2015-05	28.00	484
几何不等式研究与欣赏.上卷	2016-01	88.00	547
几何不等式研究与欣赏.下卷	2016-01	48.00	552
初等数列研究与欣赏・上	2016-01	48.00	570
初等数列研究与欣赏・下	2016-01	48.00	571
趣味初等函数研究与欣赏.上	2016-09	48.00	684
趣味初等函数研究与欣赏.下	2018-09	48.00	685
三角不等式研究与欣赏	2020-10	68.00	1197
新编平面解析几何解题方法研究与欣赏	2021-10	78.00	1426
火柴游戏(第2版)	2022-05	38.00	1493
智力解谜.第1卷	2017-07	38.00	613
智力解谜.第2卷	2017-07	38.00	614
故事智力	2016-07	48.00	615
名人们喜欢的智力问题	2020-01	48.00	616
数学大师的发现、创造与失误	2018-01	48.00	617
异曲同工	2018-09	48.00	618
数学的味道(第2版)	2023-10	68.00	1686
数学千字文	2018-10	68.00	977
数贝偶拾——高考数学题研究	2014-04	28.00	274
数贝偶拾——初等数学研究	2014-04	38.00	275
数贝偶拾——奥数题研究	2014-04	48.00	276
钱昌本教你快乐学数学(上)	2011-12	48.00	155
钱昌本教你快乐学数学(下)	2012-03	58.00	171
集合、函数与方程	2014-01	28.00	300
数列与不等式	2014-01	38.00	301
三角与平面向量	2014-01	28.00	302
平面解析几何	2014-01	38.00	303
立体几何与组合	2014-01	28.00	304
极限与导数、数学归纳法	2014-01	38.00	305
趣味数学	2014-03	28.00	306
教材教法	2014-04	68.00	307
自主招生	2014-05	58.00	308
高考压轴题(上)	2015-01	48.00	309
高考压轴题(下)	2014-10	68.00	310

刘培杰数学工作室
已出版(即将出版)图书目录——初等数学

书　　名	出版时间	定　价	编号
从费马到怀尔斯——费马大定理的历史	2013－10	198.00	Ⅰ
从庞加莱到佩雷尔曼——庞加莱猜想的历史	2013－10	298.00	Ⅱ
从切比雪夫到爱尔特希(上)——素数定理的初等证明	2013－07	48.00	Ⅲ
从切比雪夫到爱尔特希(下)——素数定理 100 年	2012－12	98.00	Ⅲ
从高斯到盖尔方特——二次域的高斯猜想	2013－10	198.00	Ⅳ
从库默尔到朗兰兹——朗兰兹猜想的历史	2014－01	98.00	Ⅴ
从比勃巴赫到德布朗斯——比勃巴赫猜想的历史	2014－02	298.00	Ⅵ
从麦比乌斯到陈省身——麦比乌斯变换与麦比乌斯带	2014－02	298.00	Ⅶ
从布尔到豪斯道夫——布尔方程与格论漫谈	2013－10	198.00	Ⅷ
从开普勒到阿诺德——三体问题的历史	2014－05	298.00	Ⅸ
从华林到华罗庚——华林问题的历史	2013－10	298.00	Ⅹ

书　　名	出版时间	定　价	编号
美国高中数学竞赛五十讲. 第 1 卷(英文)	2014－08	28.00	357
美国高中数学竞赛五十讲. 第 2 卷(英文)	2014－08	28.00	358
美国高中数学竞赛五十讲. 第 3 卷(英文)	2014－09	28.00	359
美国高中数学竞赛五十讲. 第 4 卷(英文)	2014－09	28.00	360
美国高中数学竞赛五十讲. 第 5 卷(英文)	2014－10	28.00	361
美国高中数学竞赛五十讲. 第 6 卷(英文)	2014－11	28.00	362
美国高中数学竞赛五十讲. 第 7 卷(英文)	2014－12	28.00	363
美国高中数学竞赛五十讲. 第 8 卷(英文)	2015－01	28.00	364
美国高中数学竞赛五十讲. 第 9 卷(英文)	2015－01	28.00	365
美国高中数学竞赛五十讲. 第 10 卷(英文)	2015－02	38.00	366

书　　名	出版时间	定　价	编号
三角函数(第 2 版)	2017－04	38.00	626
不等式	2014－01	38.00	312
数列	2014－01	38.00	313
方程(第 2 版)	2017－04	38.00	624
排列和组合	2014－01	28.00	315
极限与导数(第 2 版)	2016－04	38.00	635
向量(第 2 版)	2018－08	58.00	627
复数及其应用	2014－08	28.00	318
函数	2014－01	38.00	319
集合	2020－01	48.00	320
直线与平面	2014－01	28.00	321
立体几何(第 2 版)	2016－04	38.00	629
解三角形	即将出版		323
直线与圆(第 2 版)	2016－11	38.00	631
圆锥曲线(第 2 版)	2016－09	48.00	632
解题通法(一)	2014－07	38.00	326
解题通法(二)	2014－07	38.00	327
解题通法(三)	2014－05	38.00	328
概率与统计	2014－01	28.00	329
信息迁移与算法	即将出版		330

刘培杰数学工作室
已出版(即将出版)图书目录——初等数学

书　　名	出版时间	定　价	编号
IMO 50 年. 第 1 卷(1959－1963)	2014－11	28.00	377
IMO 50 年. 第 2 卷(1964－1968)	2014－11	28.00	378
IMO 50 年. 第 3 卷(1969－1973)	2014－09	28.00	379
IMO 50 年. 第 4 卷(1974－1978)	2016－04	38.00	380
IMO 50 年. 第 5 卷(1979－1984)	2015－04	38.00	381
IMO 50 年. 第 6 卷(1985－1989)	2015－04	58.00	382
IMO 50 年. 第 7 卷(1990－1994)	2016－01	48.00	383
IMO 50 年. 第 8 卷(1995－1999)	2016－06	38.00	384
IMO 50 年. 第 9 卷(2000－2004)	2015－04	58.00	385
IMO 50 年. 第 10 卷(2005－2009)	2016－01	48.00	386
IMO 50 年. 第 11 卷(2010－2015)	2017－03	48.00	646
数学反思(2006—2007)	2020－09	88.00	915
数学反思(2008—2009)	2019－01	68.00	917
数学反思(2010—2011)	2018－05	58.00	916
数学反思(2012—2013)	2019－01	58.00	918
数学反思(2014—2015)	2019－03	78.00	919
数学反思(2016—2017)	2021－03	58.00	1286
数学反思(2018—2019)	2023－01	88.00	1593
历届美国大学生数学竞赛试题集. 第一卷(1938—1949)	2015－01	28.00	397
历届美国大学生数学竞赛试题集. 第二卷(1950—1959)	2015－01	28.00	398
历届美国大学生数学竞赛试题集. 第三卷(1960—1969)	2015－01	28.00	399
历届美国大学生数学竞赛试题集. 第四卷(1970—1979)	2015－01	18.00	400
历届美国大学生数学竞赛试题集. 第五卷(1980—1989)	2015－01	28.00	401
历届美国大学生数学竞赛试题集. 第六卷(1990—1999)	2015－01	28.00	402
历届美国大学生数学竞赛试题集. 第七卷(2000—2009)	2015－08	18.00	403
历届美国大学生数学竞赛试题集. 第八卷(2010—2012)	2015－01	18.00	404
新课标高考数学创新题解题诀窍:总论	2014－09	28.00	372
新课标高考数学创新题解题诀窍:必修 1～5 分册	2014－08	38.00	373
新课标高考数学创新题解题诀窍:选修 2－1,2－2,1－1,1－2分册	2014－09	38.00	374
新课标高考数学创新题解题诀窍:选修 2－3,4－4,4－5分册	2014－09	18.00	375
全国重点大学自主招生英文数学试题全攻略:词汇卷	2015－07	48.00	410
全国重点大学自主招生英文数学试题全攻略:概念卷	2015－01	28.00	411
全国重点大学自主招生英文数学试题全攻略:文章选读卷(上)	2016－09	38.00	412
全国重点大学自主招生英文数学试题全攻略:文章选读卷(下)	2017－01	58.00	413
全国重点大学自主招生英文数学试题全攻略:试题卷	2015－07	38.00	414
全国重点大学自主招生英文数学试题全攻略:名著欣赏卷	2017－03	48.00	415
劳埃德数学趣题大全. 题目卷. 1:英文	2016－01	18.00	516
劳埃德数学趣题大全. 题目卷. 2:英文	2016－01	18.00	517
劳埃德数学趣题大全. 题目卷. 3:英文	2016－01	18.00	518
劳埃德数学趣题大全. 题目卷. 4:英文	2016－01	18.00	519
劳埃德数学趣题大全. 题目卷. 5:英文	2016－01	18.00	520
劳埃德数学趣题大全. 答案卷:英文	2016－01	18.00	521

刘培杰数学工作室

已出版(即将出版)图书目录——初等数学

书　　名	出版时间	定　价	编号
李成章教练奥数笔记. 第 1 卷	2016—01	48.00	522
李成章教练奥数笔记. 第 2 卷	2016—01	48.00	523
李成章教练奥数笔记. 第 3 卷	2016—01	38.00	524
李成章教练奥数笔记. 第 4 卷	2016—01	38.00	525
李成章教练奥数笔记. 第 5 卷	2016—01	38.00	526
李成章教练奥数笔记. 第 6 卷	2016—01	38.00	527
李成章教练奥数笔记. 第 7 卷	2016—01	38.00	528
李成章教练奥数笔记. 第 8 卷	2016—01	48.00	529
李成章教练奥数笔记. 第 9 卷	2016—01	28.00	530
第 19～23 届"希望杯"全国数学邀请赛试题审题要津详细评注(初一版)	2014—03	28.00	333
第 19～23 届"希望杯"全国数学邀请赛试题审题要津详细评注(初二、初三版)	2014—03	38.00	334
第 19～23 届"希望杯"全国数学邀请赛试题审题要津详细评注(高一版)	2014—03	28.00	335
第 19～23 届"希望杯"全国数学邀请赛试题审题要津详细评注(高二版)	2014—03	38.00	336
第 19～25 届"希望杯"全国数学邀请赛试题审题要津详细评注(初一版)	2015—01	38.00	416
第 19～25 届"希望杯"全国数学邀请赛试题审题要津详细评注(初二、初三版)	2015—01	58.00	417
第 19～25 届"希望杯"全国数学邀请赛试题审题要津详细评注(高一版)	2015—01	48.00	418
第 19～25 届"希望杯"全国数学邀请赛试题审题要津详细评注(高二版)	2015—01	48.00	419
物理奥林匹克竞赛大题典——力学卷	2014—11	48.00	405
物理奥林匹克竞赛大题典——热学卷	2014—04	28.00	339
物理奥林匹克竞赛大题典——电磁学卷	2015—07	48.00	406
物理奥林匹克竞赛大题典——光学与近代物理卷	2014—06	28.00	345
历届中国东南地区数学奥林匹克试题及解答	2024—06	68.00	1724
历届中国西部地区数学奥林匹克试题集(2001～2012)	2014—07	18.00	347
历届中国女子数学奥林匹克试题集(2002～2012)	2014—08	18.00	348
数学奥林匹克在中国	2014—06	98.00	344
数学奥林匹克问题集	2014—01	38.00	267
数学奥林匹克不等式散论	2010—06	38.00	124
数学奥林匹克不等式欣赏	2011—09	38.00	138
数学奥林匹克超级题库(初中卷上)	2010—01	58.00	66
数学奥林匹克不等式证明方法和技巧(上、下)	2011—08	158.00	134,135
他们学什么:原民主德国中学数学课本	2016—09	38.00	658
他们学什么:英国中学数学课本	2016—09	38.00	659
他们学什么:法国中学数学课本. 1	2016—09	38.00	660
他们学什么:法国中学数学课本. 2	2016—09	28.00	661
他们学什么:法国中学数学课本. 3	2016—09	38.00	662
他们学什么:苏联中学数学课本	2016—09	28.00	679

刘培杰数学工作室

已出版(即将出版)图书目录——初等数学

书　　名	出版时间	定　价	编号
高中数学题典——集合与简易逻辑·函数	2016-07	48.00	647
高中数学题典——导数	2016-07	48.00	648
高中数学题典——三角函数·平面向量	2016-07	48.00	649
高中数学题典——数列	2016-07	58.00	650
高中数学题典——不等式·推理与证明	2016-07	38.00	651
高中数学题典——立体几何	2016-07	48.00	652
高中数学题典——平面解析几何	2016-07	78.00	653
高中数学题典——计数原理·统计·概率·复数	2016-07	48.00	654
高中数学题典——算法·平面几何·初等数论·组合数学·其他	2016-07	68.00	655
台湾地区奥林匹克数学竞赛试题.小学一年级	2017-03	38.00	722
台湾地区奥林匹克数学竞赛试题.小学二年级	2017-03	38.00	723
台湾地区奥林匹克数学竞赛试题.小学三年级	2017-03	38.00	724
台湾地区奥林匹克数学竞赛试题.小学四年级	2017-03	38.00	725
台湾地区奥林匹克数学竞赛试题.小学五年级	2017-03	38.00	726
台湾地区奥林匹克数学竞赛试题.小学六年级	2017-03	38.00	727
台湾地区奥林匹克数学竞赛试题.初中一年级	2017-03	38.00	728
台湾地区奥林匹克数学竞赛试题.初中二年级	2017-03	38.00	729
台湾地区奥林匹克数学竞赛试题.初中三年级	2017-03	28.00	730
不等式证题法	2017-04	28.00	747
平面几何培优教程	2019-08	88.00	748
奥数鼎级培优教程.高一分册	2018-09	88.00	749
奥数鼎级培优教程.高二分册.上	2018-04	68.00	750
奥数鼎级培优教程.高二分册.下	2018-04	68.00	751
高中数学竞赛冲刺宝典	2019-04	68.00	883
初中尖子生数学超级题典.实数	2017-07	58.00	792
初中尖子生数学超级题典.式、方程与不等式	2017-08	58.00	793
初中尖子生数学超级题典.圆、面积	2017-08	38.00	794
初中尖子生数学超级题典.函数、逻辑推理	2017-08	48.00	795
初中尖子生数学超级题典.角、线段、三角形与多边形	2017-07	58.00	796
数学王子——高斯	2018-01	48.00	858
坎坷奇星——阿贝尔	2018-01	48.00	859
闪烁奇星——伽罗瓦	2018-01	58.00	860
无穷统帅——康托尔	2018-01	48.00	861
科学公主——柯瓦列夫斯卡娅	2018-01	48.00	862
抽象代数之母——埃米·诺特	2018-01	48.00	863
电脑先驱——图灵	2018-01	58.00	864
昔日神童——维纳	2018-01	48.00	865
数坛怪侠——爱尔特希	2018-01	68.00	866
传奇数学家徐利治	2019-09	88.00	1110

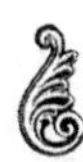

刘培杰数学工作室
已出版(即将出版)图书目录——初等数学

书　　名	出版时间	定　价	编号
当代世界中的数学.数学思想与数学基础	2019—01	38.00	892
当代世界中的数学.数学问题	2019—01	38.00	893
当代世界中的数学.应用数学与数学应用	2019—01	38.00	894
当代世界中的数学.数学王国的新疆域(一)	2019—01	38.00	895
当代世界中的数学.数学王国的新疆域(二)	2019—01	38.00	896
当代世界中的数学.数林撷英(一)	2019—01	38.00	897
当代世界中的数学.数林撷英(二)	2019—01	48.00	898
当代世界中的数学.数学之路	2019—01	38.00	899
105 个代数问题:来自 AwesomeMath 夏季课程	2019—02	58.00	956
106 个几何问题:来自 AwesomeMath 夏季课程	2020—07	58.00	957
107 个几何问题:来自 AwesomeMath 全年课程	2020—07	58.00	958
108 个代数问题:来自 AwesomeMath 全年课程	2019—01	68.00	959
109 个不等式:来自 AwesomeMath 夏季课程	2019—04	58.00	960
110 个几何问题:选自各国数学奥林匹克竞赛	2024—04	58.00	961
111 个代数和数论问题	2019—05	58.00	962
112 个组合问题:来自 AwesomeMath 夏季课程	2019—05	58.00	963
113 个几何不等式:来自 AwesomeMath 夏季课程	2020—08	58.00	964
114 个指数和对数问题:来自 AwesomeMath 夏季课程	2019—09	48.00	965
115 个三角问题:来自 AwesomeMath 夏季课程	2019—09	58.00	966
116 个代数不等式:来自 AwesomeMath 全年课程	2019—04	58.00	967
117 个多项式问题:来自 AwesomeMath 夏季课程	2021—09	58.00	1409
118 个数学竞赛不等式	2022—08	78.00	1526
119 个三角问题	2024—05	58.00	1726
119 个三角问题	2024—05	58.00	1726
紫色彗星国际数学竞赛试题	2019—02	58.00	999
数学竞赛中的数学:为数学爱好者、父母、教师和教练准备的丰富资源.第一部	2020—04	58.00	1141
数学竞赛中的数学:为数学爱好者、父母、教师和教练准备的丰富资源.第二部	2020—07	48.00	1142
和与积	2020—10	38.00	1219
数论:概念和问题	2020—12	68.00	1257
初等数学问题研究	2021—03	48.00	1270
数学奥林匹克中的欧几里得几何	2021—10	68.00	1413
数学奥林匹克题解新编	2022—01	58.00	1430
图论入门	2022—09	58.00	1554
新的、更新的、最新的不等式	2023—07	58.00	1650
几何不等式相关问题	2024—04	58.00	1721
数学归纳法——一种高效而简捷的证明方法	2024—06	48.00	1738
数学竞赛中奇妙的多项式	2024—01	78.00	1646
120 个奇妙的代数问题及 20 个奖励问题	2024—04	48.00	1647
几何不等式相关问题	2024—04	58.00	1721
数学竞赛中的十个代数主题	2024—10	58.00	1745
AwesomeMath 入学测试题:前九年:2006—2014	2024—11	38.00	1644
AwesomeMath 入学测试题:接下来的七年:2015—2021	2024—12	48.00	1782
奥林匹克几何入门	2025—01	48.00	1796

刘培杰数学工作室
已出版(即将出版)图书目录——初等数学

书　名	出版时间	定　价	编号
澳大利亚中学数学竞赛试题及解答(初级卷)1978～1984	2019－02	28.00	1002
澳大利亚中学数学竞赛试题及解答(初级卷)1985～1991	2019－02	28.00	1003
澳大利亚中学数学竞赛试题及解答(初级卷)1992～1998	2019－02	28.00	1004
澳大利亚中学数学竞赛试题及解答(初级卷)1999～2005	2019－02	28.00	1005
澳大利亚中学数学竞赛试题及解答(中级卷)1978～1984	2019－03	28.00	1006
澳大利亚中学数学竞赛试题及解答(中级卷)1985～1991	2019－03	28.00	1007
澳大利亚中学数学竞赛试题及解答(中级卷)1992～1998	2019－03	28.00	1008
澳大利亚中学数学竞赛试题及解答(中级卷)1999～2005	2019－03	28.00	1009
澳大利亚中学数学竞赛试题及解答(高级卷)1978～1984	2019－05	28.00	1010
澳大利亚中学数学竞赛试题及解答(高级卷)1985～1991	2019－05	28.00	1011
澳大利亚中学数学竞赛试题及解答(高级卷)1992～1998	2019－05	28.00	1012
澳大利亚中学数学竞赛试题及解答(高级卷)1999～2005	2019－05	28.00	1013
天才中小学生智力测验题.第一卷	2019－03	38.00	1026
天才中小学生智力测验题.第二卷	2019－03	38.00	1027
天才中小学生智力测验题.第三卷	2019－03	38.00	1028
天才中小学生智力测验题.第四卷	2019－03	38.00	1029
天才中小学生智力测验题.第五卷	2019－03	38.00	1030
天才中小学生智力测验题.第六卷	2019－03	38.00	1031
天才中小学生智力测验题.第七卷	2019－03	38.00	1032
天才中小学生智力测验题.第八卷	2019－03	38.00	1033
天才中小学生智力测验题.第九卷	2019－03	38.00	1034
天才中小学生智力测验题.第十卷	2019－03	38.00	1035
天才中小学生智力测验题.第十一卷	2019－03	38.00	1036
天才中小学生智力测验题.第十二卷	2019－03	38.00	1037
天才中小学生智力测验题.第十三卷	2019－03	38.00	1038
重点大学自主招生数学备考全书:函数	2020－05	48.00	1047
重点大学自主招生数学备考全书:导数	2020－08	48.00	1048
重点大学自主招生数学备考全书:数列与不等式	2019－10	78.00	1049
重点大学自主招生数学备考全书:三角函数与平面向量	2020－08	68.00	1050
重点大学自主招生数学备考全书:平面解析几何	2020－07	58.00	1051
重点大学自主招生数学备考全书:立体几何与平面几何	2019－08	48.00	1052
重点大学自主招生数学备考全书:排列组合·概率统计·复数	2019－09	48.00	1053
重点大学自主招生数学备考全书:初等数论与组合数学	2019－08	48.00	1054
重点大学自主招生数学备考全书:重点大学自主招生真题.上	2019－04	68.00	1055
重点大学自主招生数学备考全书:重点大学自主招生真题.下	2019－04	58.00	1056
高中数学竞赛培训教程:平面几何问题的求解方法与策略.上	2018－05	68.00	906
高中数学竞赛培训教程:平面几何问题的求解方法与策略.下	2018－06	78.00	907
高中数学竞赛培训教程:整除与同余以及不定方程	2018－01	88.00	908
高中数学竞赛培训教程:组合计数与组合极值	2018－04	48.00	909
高中数学竞赛培训教程:初等代数	2019－04	78.00	1042
高中数学讲座:数学竞赛基础教程(第一册)	2019－06	48.00	1094
高中数学讲座:数学竞赛基础教程(第二册)	即将出版		1095
高中数学讲座:数学竞赛基础教程(第三册)	即将出版		1096
高中数学讲座:数学竞赛基础教程(第四册)	即将出版		1097

刘培杰数学工作室
已出版(即将出版)图书目录——初等数学

书　名	出版时间	定　价	编号
新编中学数学解题方法 1000 招丛书. 实数(初中版)	2022—05	58.00	1291
新编中学数学解题方法 1000 招丛书. 式(初中版)	2022—05	48.00	1292
新编中学数学解题方法 1000 招丛书. 方程与不等式(初中版)	2021—04	58.00	1293
新编中学数学解题方法 1000 招丛书. 函数(初中版)	2022—05	38.00	1294
新编中学数学解题方法 1000 招丛书. 角(初中版)	2022—05	48.00	1295
新编中学数学解题方法 1000 招丛书. 线段(初中版)	2022—05	48.00	1296
新编中学数学解题方法 1000 招丛书. 三角形与多边形(初中版)	2021—04	48.00	1297
新编中学数学解题方法 1000 招丛书. 圆(初中版)	2022—05	48.00	1298
新编中学数学解题方法 1000 招丛书. 面积(初中版)	2021—07	28.00	1299
新编中学数学解题方法 1000 招丛书. 逻辑推理(初中版)	2022—06	48.00	1300
高中数学题典精编. 第一辑. 函数	2022—01	58.00	1444
高中数学题典精编. 第一辑. 导数	2022—01	68.00	1445
高中数学题典精编. 第一辑. 三角函数・平面向量	2022—01	68.00	1446
高中数学题典精编. 第一辑. 数列	2022—01	58.00	1447
高中数学题典精编. 第一辑. 不等式・推理与证明	2022—01	58.00	1448
高中数学题典精编. 第一辑. 立体几何	2022—01	58.00	1449
高中数学题典精编. 第一辑. 平面解析几何	2022—01	68.00	1450
高中数学题典精编. 第一辑. 统计・概率・平面几何	2022—01	58.00	1451
高中数学题典精编. 第一辑. 初等数论・组合数学・数学文化・解题方法	2022—01	58.00	1452
历届全国初中数学竞赛试题分类解析. 初等代数	2022—09	98.00	1555
历届全国初中数学竞赛试题分类解析. 初等数论	2022—09	48.00	1556
历届全国初中数学竞赛试题分类解析. 平面几何	2022—09	38.00	1557
历届全国初中数学竞赛试题分类解析. 组合	2022—09	38.00	1558
从三道高三数学模拟题的背景谈起：兼谈傅里叶三角级数	2023—03	48.00	1651
从一道日本东京大学的入学试题谈起：兼谈 π 的方方面面	2025—01	68.00	1652
从两道 2021 年福建高三数学测试题谈起：兼谈球面几何学与球面三角学	2025—01	58.00	1653
从一道湖南高考数学试题谈起：兼谈有界变差数列	2024—01	48.00	1654
从一道高校自主招生试题谈起：兼谈詹森函数方程	即将出版		1655
从一道上海高考数学试题谈起：兼谈有界变差函数	即将出版		1656
从一道北京大学金秋营数学试题的解法谈起：兼谈伽罗瓦理论	2024—10	38.00	1657
从一道北京高考数学试题的解法谈起：兼谈毕克定理	即将出版		1658
从一道北京大学金秋营数学试题的解法谈起：兼谈帕塞瓦尔恒等式	2024—10	68.00	1659
从一道高三数学模拟测试题的背景谈起：兼谈等周问题与等周不等式	即将出版		1660
从一道 2020 年全国高考数学试题的解法谈起：兼谈斐波那契数列和纳卡穆拉定理及奥斯图达定理	即将出版		1661
从一道高考数学附加题谈起：兼谈广义斐波那契数列	2025—01	68.00	1662

刘培杰数学工作室

已出版(即将出版)图书目录——初等数学

书　　名	出版时间	定　价	编号
从一道普通高中学业水平考试中数学卷的压轴题谈起——兼谈最佳逼近理论	2024－10	58.00	1759
从一道高考数学试题谈起——兼谈李普希兹条件	即将出版		1760
从一道北京市朝阳区高二期末数学考试题的解法谈起——兼谈希尔宾斯基垫片和分形几何	即将出版		1761
从一道高考数学试题谈起——兼谈巴拿赫压缩不动点定理	即将出版		1762
从一道中国台湾地区高考数学试题谈起——兼谈费马数与计算数论	即将出版		1763
从 2022 年全国高考数学压轴题的解法谈起——兼谈数值计算中的帕德逼近	2024－10	48.00	1764
从一道清华大学 2022 年强基计划数学测试题的解法谈起——兼谈拉马努金恒等式	即将出版		1765
从一篇有关数学建模的讲义谈起——兼谈信息熵与信息论	即将出版		1766
从一道清华大学自主招生的数学试题谈起——兼谈格点与闵可夫斯基定理	即将出版		1767
从一道 1979 年高考数学试题谈起——兼谈勾股定理和毕达哥拉斯定理	即将出版		1768
从一道 2020 年北京大学“强基计划”数学试题谈起——兼谈微分几何中的包络问题	即将出版		1769
从一道高考数学试题谈起——兼谈香农的信息理论	即将出版		1770
代数学教程.第一卷,集合论	2023－08	58.00	1664
代数学教程.第二卷,抽象代数基础	2023－08	68.00	1665
代数学教程.第三卷,数论原理	2023－08	58.00	1666
代数学教程.第四卷,代数方程式论	2023－08	48.00	1667
代数学教程.第五卷,多项式理论	2023－08	58.00	1668
代数学教程.第六卷,线性代数原理	2024－06	98.00	1669
中考数学培优教程——二次函数卷	2024－05	78.00	1718
中考数学培优教程——平面几何最值卷	2024－05	58.00	1719
中考数学培优教程——专题讲座卷	2024－05	58.00	1720

联系地址:哈尔滨市南岗区复华四道街 10 号　**哈尔滨工业大学出版社刘培杰数学工作室**

邮　　编:150006

联系电话:0451－86281378　　13904613167

E-mail:lpj1378@163.com